现代生物学理论与专业建设研究

Research on Modern Biology Theory and Specialty Construction

鲁云风 著

化学工业出版社

·北 京·

内容简介

本书主要围绕现代生物学理论与专业建设的相关研究与实践展开。本书在介绍生物学的学科背景，阐述现代生物学的教学思想、教学意义和教学价值等基础上，对现代生物学相关课程设置与教学优化进行了探讨，同时还探讨了教学模式与教学实践的拓展，如O2O教育、慕课、翻转课堂等模式的优劣之处。此外，本书还对生物相关专业教师能力建设给出了具体的实训建议，并就高校生物领域专业人才培养进行了剖析。

本书具有一定的指导意义以及较强的应用价值，可供从事现代生物学教学与学科建设等相关工作的人员参考，尤其适合生物科学师范类专业师生阅读。

图书在版编目（CIP）数据

现代生物学理论与专业建设研究 / 鲁云风著. 北京 ：化学工业出版社，2024. 8. -- ISBN 978-7-122-46468-2

Ⅰ. Q-4

中国国家版本馆 CIP 数据核字第 20244CA537 号

责任编辑：张　赛　　文字编辑：白华霞
责任校对：边　涛　　装帧设计：孙　沁

出版发行：化学工业出版社
（北京市东城区青年湖南街13号　邮政编码100011）
印　　装：北京科印技术咨询服务有限公司数码印刷分部
710mm×1000mm　1/16　印张10¾　字数191千字
2024年9月北京第1版第1次印刷

购书咨询：010-64518888　　售后服务：010-64518899
网　　址：http://www.cip.com.cn
凡购买本书，如有缺损质量问题，本社销售中心负责调换。

定　　价：88.00元

前言

生物学是探索生命现象和生命活动规律的科学，其不仅关注生命的基本构成单位，如蛋白质、基因和细胞，还致力于探索生命的演化历程、生物与环境的相互作用等，也正是因此，生物学与农业、环境、医学等应用领域形成了紧密的联系，并为解决人类面临的诸多问题提供了强大的理论支持和技术手段。

随着时代的发展，现代生物学已成为基础教育中重要的基础课程，而在高等教育乃至科研体系中，各种前沿且深入的细分生物领域，也取得了诸多进展。但新技术的不断涌现、跨学科研究的兴起，以及教育理念的更新，对教育工作提出了更高的要求，这就需要生物学教育工作者加快完善更适合当前社会需求的学科体系，并落实教育方法的革新工作。基于这样的背景，结合多年教育教学改革研究与实践，我们以传统的教学方法为基础，以优化教学内容、培养教学能力、提高学生素质为目标，针对现代生物学相关课程特点，从教学内容、教学方法、教学模式等环节进行改革与实践，以期构建更符合现代生物学教学需求的教育模式，从而进一步提高教学质量与效果，为相关领域输送更多的优秀人才。

本书在深刻把握现代生物学的发展趋势和教学目标的基础之上，详细阐述了现代生物学的教学思想、教学意义和教学价值等。其次，本书对现代生物学教学模式的改革与教学实践的改革进行了详细的分析，包括O2O教育、慕课（MOOC）、翻转课堂等。最后，本书还对现代生物学专业人才培养建设进行了整体剖析。

本书力求对现代生物学的专业建设与发展进行全方位、立体化的总结，但限于作者水平以及相关实践的局限性，书中难免存在不足之处，还望广大读者批评指正。

作者

目 录

第一章 概 述

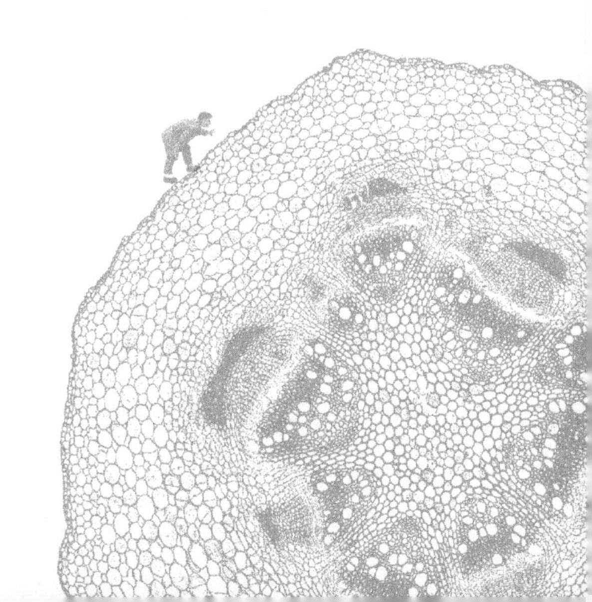

第一节　生物学简述

生物与人类的关系紧密且复杂，是相互依存、相互影响的共生伙伴。无论是动植物等为人类提供必要的生存资源，还是各类生物与人类一同构建并维持的地球生态，我们都是这有序世界中的一部分，每一种物质、每一个生物都在生态系统中有着独特的意义。而借助前人在生物学领域的研究成果以及不断演进的技术和研究手段，我们可以进一步了解并揭示生命的奥秘，这无疑是现代生物学最为直观且显著的价值体现。

一、生物学学科分类

生物学已发展成为包含众多分支学科的庞大知识体系。由于生物的高度复杂性，对生命活动的各个方面和各个层次均需进行专门研究。各门分支学科主要是根据具体的研究对象、研究内容、研究层次和研究方法的不同来划分的。

根据研究对象所属的生物类群划分的学科主要有：动物学、植物学、微生物学、人类学以及古生物学等，这些学科还可划分为更小的分支学科，如动物学可划分出昆虫学、鱼类学等。

根据研究内容的不同而划分出的学科主要有：形态学、解剖学、分类学、胚胎学、遗传学、生理学、病理学、病毒学、免疫学、神经生物学、发育生物学、进化生物学、行为学、社会生物学等。

根据研究层次划分出的学科主要有：分子生物学、细胞生物学、组织学、种群生物学、生态学等。

根据研究方法划分出的分支学科主要有：生物化学、生物物理、生物地理、生物技术等。

上述分支学科又可分解和重组形成其他分支学科，如植物生理学、动物胚胎学、分子遗传学、分子细胞生物学等。

随着生物学的迅速发展以及与其他自然科学的相互渗透，新兴分支学科不断涌现，如随着人类进入太空，宇宙生物学这一新学科应运而生。

以上所述是构成自然科学的生物学分支学科的主要格局。生物学同时又是农学、畜牧学、食品科学、医学和环境科学等应用学科的基础科学。从应用研究角度又可分出多种分支学科，如作物学、家畜育种学、食品微生物学、药用植物学和森林生态学等。

因此，生物科学的实际分支学科有很多。一方面，随着生物学的发展，一些研究领域的分支学科会有越分越细、越分越多的现象。另一方面，生物学各分支学科之间以及生物学与其他自然科学之间又日益呈现出相互渗透、彼此交融的趋势。

二、生物学的建立和发展

（一）生物学的建立

20世纪，由于物理学、化学等自然科学的渗透，以及各种先进研究设备和方法的应用，生物学的发展尤为迅速。

20世纪伊始，德弗里斯（H.M. de vrier）、柯伦斯（K. Correns）和西马克（E.Tschermak）几乎同时发现他们各自的实验结果与前辈孟德尔研究论文的结论相符。孟德尔遗传理论的成功验证立即引起强烈反响，预示着生物学的核心学科遗传学的发展时机已经成熟。随后，摩尔根（T. Morgan）等在孟德尔遗传规律的基础上，开展果蝇的细胞遗传学实验研究，于1926年发表《基因论》，提出了遗传学的第三定律即基因连锁和交换定律，从而建立了以三大遗传规律为核心的经典遗传学理论。

20世纪40年代，遗传学和生物化学在微生物学领域结合起来。比德尔（G. Beadle）等于1941年提出“一个基因一个酶”学说，把基因与蛋白质功能联系起来。艾弗里（O. Avery）等人于1944年证明DNA是引起细菌遗传转化的物质。赫尔希（A. Hershey）等人于1952年用放射性同位素示踪法证明DNA是噬菌体的遗传物质。这些研究成果成为分子生物学的先导。

沃森（J. Watson）和克里克（F. Crick）于1953年参考富兰克林（R. Franklin）和威尔肯斯（M. Wilkens）的DNA X射线衍射照片成功搭建出DNA分子的双螺旋结构模型，从分子结构与功能的角度解释了DNA的两大功能：复制和贮存遗传信息。这一成就被认为是分子生物学诞生的标志。

分子生物学的发展速度是前所未有的，这一领域的研究已获得了许多重大进展。继沃森、克里克等荣获1962年的诺贝尔生理学或医学奖之后，又相继出现了众多诺贝尔奖得主。

此后，克里克和沃森一直活跃在分子生物学领域。克里克于1958年提出了遗传信息传递的“中心法则”，并在20世纪60年代破译遗传密码的研究中发挥了重要作用。沃森则成为20世纪90年代初开始的分子生物学领域最雄心勃勃的研究项目——人类基因组计划（Human Genome Project，HGP）的主要发起者和组织者之一。这是一项以成功绘制包括约3万个基因，共约30亿个碱基对组成的核苷酸序列的人类基因组为终极目标的庞大科研计划，该计划于2003年完成了最终测序图谱（占人类基因组的92%）。

随着分子生物学的兴起，生物学跻身精确科学行列，并一跃成为当代成果最多和最引人注目的基础学科之一。在分子生物学研究基础上发展起来的生物技术，包括基因工程、细胞工程、酶工程和发酵工程等，已成为现代新技术革命的重要组成部分。生物技术为解决人类面临的诸如随着人口增长而导致的粮食问题、医疗保健问题、能源和环境问题等全球性问题提供了新的思路。

分子生物学还带动了整个生物学的全面发展，深刻影响到每一个分支领域。此外，现代生物学在发育学、免疫学、神经生物学、进化生物学和生态学等领域也取得了诸多重大成就。

现代生物学取得的成就是辉煌的，然而，对于生命奥秘的深度和广度而言，现代生物学的成就仍然只是一个开端。科学界普遍认为，生物学在整个自然科学中的地位在21世纪仍将得到进一步提升，因此有“21世纪是生命科学的世纪”之说。

（二）生物学的发展

生物学一词是由德国人特雷维拉努斯和法国人让·巴蒂斯特·拉马克在1802年首先使用的。

如同其他学科的情况一样，想要准确地确定在实际成果和概念方面标志生物学发端的界线，几乎是不可能的。就起源而言，“生物科学”由于并不严格地受神学精神的支配，因此属于实际研究的范围：人们在认识人体及其疾病、饮食和生物的需求下，自然而然地产生了这种研究活动。一方面是人及人类中心论的、泛灵论的或神秘的生物观；另一方面是动物和植物。此时还谈不上真正的科学，用“艺术”一词也许更合适。不过，古代不乏某些杰出的先驱，往往显示出天才的预感。例如，德谟克利特早在公元前6世纪就直觉到，心理活动来源于大脑，而不是来源于心。希波克拉底对癫痫作了描述。希罗菲卢斯和埃拉西斯特拉图斯在公元前3世纪解剖了尸体，并且惊讶地发现，神经起源于大脑和骨髓，而不是起源于心。一个名叫伽利恩的希腊医生在公元150年前后发现了他称之为“脑室”的灰质。他还是首先提出疾病的自然原因的先行者之一，这本身就是同古代以来对病因的宗教解释相对立的。在公元15世纪，出生于维罗纳的一位意大利医生弗拉卡斯托罗为研究梅毒做了开拓性的初步工作。维萨里在公元16世纪发展了解剖学，发表了他关于人体标本制作的轰动一时的论著，而哈维在1628年发现了血液循环。

1. 分类学与进化论

所有人似乎都同意生物科学是在18世纪因博物学家们的努力而产生飞跃的。首先，必须努力解决大量不同物种之间的类似问题，并为此而进行分类，从而突出种系发生的统一性基本原则。植物学与动物学之间的区别大概是由卡尔·冯·林奈提出的，他所创立的植物分类系统和双命名法，成为现代植物学和生物学分析的基础。

众所周知，拉马克也注意到了这种进化。他反对居维叶提出的著名的“物种不变论”和“灾变论”，而以“变化论”维护者自居。在“物种不变论”或“灾变论”看来，各种物种是突然出现的，彼此不存在依存，环境也并不作为这种进化的动力而发生作用。尽管拉马克也主张物种的渐变进化，但他认为最原始的生物源于自然发生，各系统或群体生物并不起源于共同祖先。这一假设后来被证明是错误的，但它仍在一定程度上促进了人们对种系发生的深入分析。

2. 细胞理论、自发繁殖、遗传学的诞生

在1859年前后，查尔斯·达尔文出版了《物种起源》一书，其提出是自然选择造就了今天用以区别不同物种的性状。因此，可以说关于进化的理论乃是使我们对生物的认识条理化的最早理论。我们自然不会忘记施万于1839年以下列形式提出的细胞理论：“一切生命来源于先天存在的某种细胞。”这一理论由于路易·巴斯德的著作而特别流行。在巴斯德时代，许多生物学家依然是自发繁殖论的热情支持者。

随着格雷戈尔·孟德尔发现遗传规律，19世纪人们面临更加剧烈的震荡。确切地说是在1866年，当时巴斯德正处于功成名就的时代。孟德尔通过豌豆杂交试验证明遗传性状是通过某些看不见的因素——亲本细胞中存在的某种微粒而产生的，从而引入了最早的关于遗传性的还原论解释。约翰森于1860年将这些微粒命名为“基因”，而美国人摩尔根和米勒证明了它们存在于生物的染色体之

中。遗传学由此而诞生。

因此，可以说生物学在19世纪末获得了它的荣誉证书。物种的遗传性、进化、生殖和分化开始得到解释。

但生命不是仅限于传宗接代。从1920年开始，出现了另一个需要思考的问题：细胞是怎样活动的？在此之前可以说生物学多少是在“封闭圈”内演进的，它已经沾染了一定程度的形式主义（例如，用统计资料来解释最初几代中的遗传性状的分布，突出强调门、属、种的存在，以及承认所有有机生物的细胞的统一性）。不过，除了孟德尔的观点（当时很快被遗忘，一直遭冷落达40年之久）之外，生物学在当时总的说来是描写性的和整体论的，而不是还原主义的和解释性的。

3. 化学还原论与生物化学

许多人试图将生物学的复杂因素归纳为简化的参照模式。首先是笛卡儿的动物机器理论，接着是自动机浪潮，然后是控制论热，最后是拉瓦锡掀起的细胞能理论热。在经历了这种种思潮之后，用可能从中分离出的化学成分来解释生物属性的希望应运而生。1828年，维勒首次成功地用无机物合成了生物所特有的物质：尿素。人们开始把植物的“药效”归因于特定分子的化学属性。德罗斯内在1817年分离出了那可汀；佩列蒂埃分离出了吗啡，然后又分离出了依米丁和奎宁。毕希纳描述了第一批酶液，并于1897年分离出了第一种酶——酿酶，他因此而被授予1907年的诺贝尔奖。萨默第一次提炼出了一种酶，即尿素酶晶体，于是人们认识到细胞的生命是由特定的分子，即蛋白质维持的，由此产生了生物化学。

至20世纪40年代初，生物学家由此而产生了已经完全能解释和阐明生物的深层“逻辑”的幻觉，但不可否认的是，一场真正的观念革命正在来到，尽管要了解性状所特有的生物学系统和认识同它们有关的最重要的规律，还需要走过漫长的路程。

4. 分子生物学的诞生

什么是生命？物理学家薛定谔问道。1952年，沃森和克里克提出了答案的第一个要素：生命通过基因来说明，而基因可以描述为盘绕于每个细胞中的双螺旋形的超长分子——脱氧核糖核酸（DNA）。他们很快就确定了该分子在X射线下的结构。于是，人们发现这种结构本身能够很好地解释每次细胞分裂时性状的可遗传性，因为该分子具有成对性，并构成互补链，一旦彼此分裂就可以形成与原结构相同的两份“复制”。

由此开始，人们终于理清了遗传密码的性质、调控环路、遗传信息转换机制和蛋白质的构成，认识了信使核糖核酸（mRNA），并揭示了在分子层次上遗传物质再生系统的复杂性。

生物学在精确度方面确有进展。生物学家和物理学家从此有了共同的语言。但是，这促使生物学和生物学家在某种意义上多少有点脱离了人们熟知的世界，生物学变成了玄妙的东西，可以说除了少数例外，1955 年前后的社会根本不关注它，它成了精英阶层的事业。

5. 遗传工程与生物工程

在发明遗传工程技术之前，基因的存在只能从基因产生突变的结果中推演出来。例如通过眼睛色素的变化、某一肢体形态的变化和行为的变化，或通过对某种疾病的易感性而使某种遗传特征显示出来，这种遗传特征可以说是被迫显示出来的，至于如何确定它在染色体上的部位，也只能从建立在亲本染色体重新组合过程中的各种性状结合和分离频率基础上的杂交研究中推演出来。过去只有“间接的”遗传学，充其量也只能借助光学或电子显微镜观察染色体中的粗略变化如破裂、移位、放大。从 1973 年开始，遗传工程可以使基因“物质化”。我们不仅能够分析它，而且还可以操纵它，并借助限制酶对它进行编辑与改造。基于这些技术，人类似乎找到了解锁生命系统的钥匙。

生物工程作为生物学理论的应用与拓展，是以重组 DNA 技术和细胞融合技术为基础，利用生物体（或者生物组织、细胞及其组分）的特性和功能，设计构建具有预期性状的新物种或新品系，以及与工程原理相结合进行加工生产，为社会提供商品和服务的一个综合性技术体系。其内容包括基因工程、细胞工程、酶工程、发酵工程和蛋白质工程。

现代生物技术以 DNA 重组技术和淋巴细胞杂交瘤技术的发明和应用为标志，迄今已走过了 50 年左右的发展历程。实践证明，现代生物技术为解决人类面临的粮食、健康、环境和能源等重大问题开辟了无限广阔的前景，受到了各国政府和企业界的广泛关注，是 21 世纪高新技术产业的先导。可以预测，生物技术的应用与发展将导致生产体系与经济结构的飞跃变化，甚至可能引发一次新的工业革命，对人类社会的生产、生活各方面必将产生全面而深刻的影响。

第二节 现代生物学发展趋势与展望

一、现代生物学的发展趋势

21 世纪，现代生物学发展的大趋势是对生命现象的研究不断深入和扩大，向微观和宏观、最基本和最复杂两极发展。这种发展趋势的特点如下。

首先，分子生物学将继续保持蓬勃发展的态势。基于分子生物学的兴起和发展，许多蛋白质、核酸的一级结构和立体结构已经被明确，甚至有的已人工合成。通过对这些生物大分子结构和功能的研究，成功揭示了生物的遗传、生长分化、神经传导和免疫等许多生命现象的奥秘，使得人们对生命现象的认识加深，同时也带动了生物学的各分支学科向分子水平发展。

其次，生物学家对生命的认识和思考有了新的角度，正在从局部观向整体观发展，从线性思维走向复杂思维，从注重分析转变为分析与综合相结合。因为生命系统无论在宏观层次上还是微观层次上都有着复杂的性质，只有用系统和综合的观点去分析生命系统，才能理解生命的非线性特征及其宏观和微观现象。综合建立在分析的基础上，分析是为了更好地综合，二者是辩证的统一。

再次，多学科不断交叉与融合。不仅是在现代生物学各分支学科之间，而且还有在生物学的发展过程中，物理学、数学、化学、计算机技术科学等不断向生物学领域渗透，新理论、新概念与生物学问题的有效结合，促使新的交叉学科、边缘学科不断形成，新技术、新方法的广泛采用，极大地促进了生物学的发展。多学科间的渗透和融合，将从不同层次有机结合从而揭开生命之谜。

最后，生物学基础研究与应用研究的结合越来越紧密。分子生物学兴起以来所取得的成果，已在很多方面产生了巨大效益。目前生物技术的应用已遍及农业食品、医药卫生、化工环保、生物资源、能源和海洋开发等各个领域，其表现出对解决人类所面临的食品、健康、资源和环境等重大问题的巨大作用和市场潜力。生物技术产业将成为最主要的产业之一，为 21 世纪全球的经济发展提供强大的推动力。

二、现代生物学展望

在生物大分子，特别是基因组的结构和功能上取得进展后，科学家逐渐深入到宏基因组学时代。通过对功能基因组学和比较基因组学的研究，不难发现探索基因、细胞、遗传学、发育、进化和大脑功能已经逐渐形成了一条主线。

分子生物学在未来的 10 ~ 20 年里，将继续成为主导生物学的重要力量。随着分子生物学的建立，传统生物学研究不断向现代实验科学进行转变。从微观层面来讲，分子生物学正不断深入探索细胞的发育和进化。近年来，人们一直关注的焦点就是细胞的周期、凋亡和死亡。由于实施了人类基因组计划，生物学领域的大规模密集研究逐渐出现，并最终向大规模高通量研究时期迈进。

研究生物学必将导致多学科融合的现象出现。通过数学、化学、信息科学等和生物学的有机结合，生物学本身的发展将在一定程度上得到推动。未来，生物研究将需要越来越多的技术和设备，生命奥秘揭示的突破口在于创新仪器和方法。大部分在之前被当作基础研究的工作在后基因组时代，开始密切加强联系，并被应用。对于前期的研究工作来说，企业将更多地介入并参与进来，从而能够使研究成果更快地转化为产业。

生物学的不断发展，将对技术和应用研究的发展起到一定程度上的带动作用。随着基因工程、发酵工程、酶工程、细胞工程、蛋白质工程、胚胎工程等生物工程技术的不断发展，农业、医疗和保健业的未来发展势必会受到一定影响。

现代生物学家对生物学的研究可以说是一个跨单位、跨地区和跨国家的大型综合研究。他们的研究领域已经不再局限于一两个基因或蛋白质，而是成千上万个基因或蛋白质，他们的研究重点也已经不再仅仅局限于代谢途径或信号转导途径，而是细胞活动网络和生物大分子之间的复杂关系。目前，随着生物学研究内容和范围的逐步深化和扩大，多实验室合作研究模式已经成为一个主要的发展趋势。

此外，复杂系统理论和非线性科学的发展在一定程度上促进了局部生物学思想和方法论向整体生物学思想和方法论的扩展，从注重分析向分析与综合相结合转变，同时从线性思维向复杂思维扩展，出现了新的学科生长点，表明全面发展的理论时期即将到来。

第二章 现代生物学教学的价值与核心理念

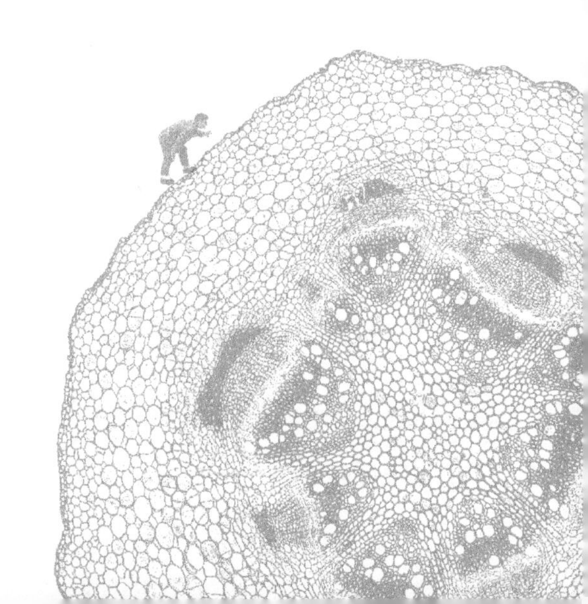

第一节　现代生物学教学的价值

素质教育是以提高民族素质为宗旨的教育。它是依据《中华人民共和国教育法》规定的国家教育方针，着眼于受教育者及社会长远发展的要求，以面向全体学生，全面提高学生的基本素质为根本宗旨，以注重培养受教育者的态度、能力，促进他们在德智体等方面生动、活泼、主动地发展为基本特征的教育。素质教育要使学生学会做人、学会求知、学会劳动、学会生活、学会健体和学会审美，为培养他们成为有理想、有道德、有文化、有纪律的社会主义公民奠定基础。

21 世纪涉及教育的最大变化有两个。一是各国对人才资源的开发越来越重视，教育被提高到了前所未有的战略地位。二是教育观念的深刻变化，人们不再认为智力是成功的唯一因素，事业的成功还要取决于非智力因素，例如，与人合作、自我激励、处理事情的应变能力以及思考问题的方法等。为在本世纪中叶基本实现社会主义现代化，我国经济增长方式由粗放型向集约型转变，因而更需要实施“科教兴国”和“可持续发展”战略。

长期以来，我国面临人均资源占有率低，科技、教育、文化相对落后和人口素质亟待提高的严峻挑战，面临国际综合国力激烈竞争的严峻挑战。因此要加快社会主义物质文明建设和精神文明建设，促进社会全面进步。这一切归根到底将取决于高素质的劳动者和专业人才的培养。同时，义务教育的普及和终身教育的发展，也对基础教育提出了新的更高要求。因此，积极推进素质教育，已经是摆在我们面前的刻不容缓的重大任务，是当前我国现代化建设的一项紧迫任务，是我国教育事业的一场深刻变革，是教育思想和人才培养模式的重大进步。

生物学是国民教育体系中重要的教育学科之一，是学生科学素养构成的重要部分，也是素质教育实施中应该重视的和研究的重要内容。生物学教学应该关注两个不断变革的现实，即生命科学的发展和教育科学的发展。

生物学在发展的过程中提出了许多新观念、新思想，产生了众多的新成果和新技术，取得了许多重大突破。随着数理科学广泛而深入地与生物科学研究的结合，以及一些先进的仪器设备与研究技术的问世，生物科学基本上已经从静态的、以形态描述与分析为主的学科演化发展成动态的、以实验为基础的可进行定量分析的学科。当今的生物学科正从分析走向综合，其特征是对生命体的分子、细胞、组织、器官及整体进行全方位的综合研究。为表达其鲜明的时代特征，人们将生物科学称为生命科学。21 世纪的生命科学将是统一生物学的世纪，并将形成崭新的生命观。

不断劳动、不断总结经验、不断探求，在经历了漫长的历史后，人类积累了生活中各方面所需的关于自然、社会和人类的种种经验与知识。今天，这些经验作为各种科学的体系，被继承了下来。生命科学作为与人类生产、生活密切相关的基础学科之一，在不断发展的同时，也需要不断地继承。因此，生物学教学是学校教育教学的重要组成部分。作为学校教育重要内容的生物学教学，其主要价值应体现在提高学生的生物科学素养上，但除此外，对学生的科学精神和科学态度的培养、促进生物学科思想对人类思想的影响、认识生物学教学中的美育价值等几个方面亦同样重要。

一、体现对学生的科学精神和科学态度的教育

生物学教学的一个突出特点是对学生进行科学理性教育。科学理性教育显现在对学生科学精神和科学态度的教育之中。

科学精神概括起来讲，包括以下几个方面：探索精神、实证精神、创新精神、独立精神等。科学精神要求公正客观、实事求是，不允许伪造证据和做任何艺术性的夸张，强调观察、实验，其以实践为基础并接受实践的检验，这种共性规范是科学精神的精髓。

相比于西方近代文化，中国传统文化最大的遗憾就是缺乏对科学精神的重视。诚然，中国古代的某些科技成就，特别是在经验科学与工程技术方面曾经达到世界领先的高度，但是就整体而论，对严密逻辑的追求、对数学方法的推崇、对实验的重视，以及理性的批判等科学精神的基本要素，在中国传统文化中是相对薄弱的。长期以来，我们总是把已经获得的成果说成是尽善尽美的，把知识作为真理来让学生接受。

生命科学是正在迅速发展的科学，生物学教学若充分利用这个特点进行动态的科学观的培养，从某种程度上，将有助于对学生理性批判主义精神和创新思维品质的培养，这是科学精神最为核心的内容。例如，传统的生物学认识模式以归纳为主，生物学的许多概念，如细胞、器官、动物、植物等等都是实物概念，它们都是通过归纳从实物中抽象出来的。早期生物学理论如细胞学说也是归纳的结果，达尔文在提出“生物是进化的”这一理论时，主要使用的仍是

归纳法。由此形成了一种传统的观点：人们只有通过观察和实验才能认识生命现象，然后通过归纳才能得出生命活动的规律。因此，传统生物学教育所指的生物学能力中，观察能力总是摆在第一位的，而且强调这种观察是客观的，即价值中立。也正因为这样，孟德尔提出的关于遗传因子的假说，曾因为它不是观察和归纳的产物而被作为“反动的唯心主义理论”进行批判。然而，现代生物学的发展，从孟德尔的遗传因子假说到摩尔根的基因论，从薛定谔关于遗传密码的假说到分子遗传学中心法则的建立，无不证明了“假设检验”这种科学认识模式的价值。现在，我们已经知道，科学研究不是从观察开始，而是从问题开始的，观察不是价值中立的，只有带着问题的观察才是有价值的。新一轮课程改革中强调和倡导的“探究”式教学，正是现代教育教学对现代科学认识模式的肯定。因此，生物学教学在以观察和实验为基础，通过归纳形成结论的同时，重视提出问题和假设，通过实践检验假设，此方式能够切实有效地培养学生的创新思维品质。

二、促进生物学科思想对人类思想的影响

自达尔文从人类文化中汲取诸如生存斗争、选择、淘汰等术语作为进化论的基本概念后，文化价值观念便进入了生物学研究领域，生物科学因而被视为自然科学和人文科学之间的领域。正因为如此，生物科学中的许多新观点在形成后便很快对人类文化产生重大影响。例如，在“生物的存在和发展是群体行为而非个体行为”这个观点确立后，人际合作便成为“地球村”概念的基本内涵，并被许多国家和地区列为教育目标；在生态学上的“种间平等”观点形成后，人类多元文化平等观便很快建立起来，促使各个国家、民族和地区都努力保持和发展本土区域文化的特色；而“竞争排斥原理”和“合作进化”的概念则构成了当代世界“和平与发展”思想的基础，人们努力避免你死我活的达尔文式竞争，追求向新的领域和空间发展的竞争，以求得双赢或多赢。

作为自然学科的带头学科，当代生命科学对人类思想的发展具有重要作用。而生物学科教学作为基础教育中的基础学科之一，其学科思想的教育价值无疑将对学生世界观的形成具有不可低估的作用。如生物与环境相适应、结构与功能相适应、生命的物质性、生物进化思想，等等。在当今的生物学教学中，我们还应当关注和重视 20 世纪的生物学革命带来的启示意义。

（一）生物的存在和发展是群体行为而非个体行为

对生物在自然界的存在，人类最初是从个体水平上来认识的。对个体的认识有了较多的积累时，人们才开始对它们进行分门别类的研究。林奈创立的生物分类学采用的是模式标本法，即把各个体与作为模式标本的个体进行比较，以确定其分类地位。达尔文建立的进化论，本质上是个体进化论。适应环境的个体可以生存并繁殖后代，不适应的个体被淘汰，个体性状分歧的积累导致新物种形成。正是这种个体进化的观点，才导致了“先有鸡还是先有蛋”这类问题的出现。群体遗传学和综合进化机理学说的研究，使我们认识到进化是群体行为而非个体行为。生态学的发展进一步深化了对生物群体行为的研究，使我们认识到生物在自然界是以种群的形式存在的，而不是以个体的形式存在的，种群基因频率的变化导致种群进化。由此，人类在更深刻的层次上认识个体与群体之间的关系，引发了许多观念的更新。这些思想观念的研究已渗透到许多领域，包括人类社会学的研究。

（二）人类中心和种间平等

近代科学技术的成功，促使人类中心观念的建立。英国生态学家坦斯利（A. G. Tansley）提出了生态系统概念。生态系统是生命与非生命的复合系统，生态系统的概念在人类历史上第一次把生物和非生物放在一个系统中进行研究。对生态系统的研究使人类认识到，各种生物，即使是最低等的或最丑恶的生物，对维持生态平衡都有它的贡献和价值。这使人们对生命的价值有了新的认识，对生物保护从原来佛教徒式的“不杀生”的怜悯到现代社会对各种生物生态价值的承认，这种价值观的改变导致人类中心主义发展观的动摇。种间平等成为人与自然和谐发展的题中之义，并进一步上升为可持续发展的理念。因此生态学内容的教学，将有利于向学生渗透种间平等的思想，调整人类中心观念。

（三）竞争进化和合作进化

进化论对20世纪中国思想史的最大影响在于竞争进化思想，严复在《天演论》中，以“物竞天择”“适者生存”等警言，使当时中国的思想界振聋发聩，耳目一新。现在我们知道，种间竞争可能导致两种结果：一种是适者生存并繁殖后代，一个物种取代另一个物种，这就是竞争进化；另一种是竞争使亲缘关系密切或在某些方面相似的物种之间产生生态分离，称之为竞争排斥原理。竞争排斥原理告诉我们，生态位的差异也是一种进化模式。在一个生物群落中，不同的种群在取食时间、对象和栖息场所上存在明显差异，从而避免了竞争淘汰，有人称之为合作进化。同时，对种内广泛存在的“利他主义”（如蜂群中工蜂的行为）的研究和亲缘选择概念的提出，也大大扩展了我们对自然选择的认识。

种群之间的竞争不一定是你死我活的斗争，向新的领域和空间发展也是一种竞争。对种群内的个体而言，能够最大限度地把种群基因库传递给后代的个体，就是适者，而不管它的行为是否对其自身的存活和繁殖有利。这就是自然选择新的思想，这种思想给我们带来了新的发展观念。

三、生物学教学中的美育价值

美育是素质教育不可缺少的部分，美育的目标是培养和发展受教育者的感性能力，包括感受力、鉴赏力、想象力、创造力等，培养健全高尚的人格，塑造完美理想人性，以最终实现人与自然、人与社会以及人与人自身感性和理性的和谐的终极追求。诚然，所有教育的最终目标都离不开这个范畴，但相比较而言，审美教育是达到这一目标的最直接途径。这是因为审美教育的过程就是审美体验的过程，学生在其中一直处于激越的情感体验之中，是主动参与和全身心地投入，体验美好，体验快乐、体验崇高，在潜移默化中提升对美的感受力、鉴赏力、创造力及自我完善的能力。审美教育对学生树立正确的审美观念，抵制不良文化的影响，促进学生的全面发展具有重要作用。审美教育，是学校教育中各个学科、各个教育环节共同的责任，也是在各学科教育中创造美的教育境界的共同追求。

生物学科教学有着对学生进行美育的独特条件，可以从三个方面来认识。

（一）生物科学中美的存在形态和表现形态

生物学教育中涉及美的形态，可以分为存在形态和表现形态。存在形态主要是生命美和生物科学美，表现形态主要是优美、壮美和丑。

1. 生物科学中美的存在形态

（1）生命美。生命世界给人提供了无限广阔的审美领域，我们可以把它们统称为生命美。生命美属于自然美的范畴，一方面是生命本身的形式美，如生物体的对称美、色彩美、线条美、声音美及生物界的和谐美、节奏美等。另一方面是生命现象与人类社会的联系引发的美，如丰收的果实、濒危动植物的救治等所呈现的美。总之，生命美是生命与人类生活相关联的使人心性愉悦的形象显示。

（2）生物科学美。生物科学美包括理论美与实验美等，是生命世界本身的美学特性在生命科学中的展现。例如，孟德尔根据豌豆实验的结果，用有限种遗传因子的无限组合解释生命的无限多样性，得到分离规律和自由组合规律。这种构建理论时的简洁性是一种科学理论的形式美，它追求科学理论的简单形式与其深广内涵的统一。DNA 双螺旋结构模型的对称性体现了科学理论的结构美，因为对称在本质上是逻辑的正确性和结构的严密性的体现。细胞学说和进化论的美主要体现在它们的统一性，因为人对科学美和艺术美的心理感受具有一致性，孤立分散的东西给人以不美的零碎感，而将许多分散的东西统一起来，则可给人以美感。还有噬菌体侵染细菌的实验，它的美主要体现在新奇性。这个实验以奇妙的构思，确证了 DNA 是遗传物质，而蛋白质不是遗传物质。在上述例子中体现的简洁性、对称性统一性、新奇性等等，都是科学美的特性。

2. 生物科学中美的表现

（1）优美。优美的特点是美处于矛盾的相对统一、相对平衡的状态。生物科学中的物质模型，无论是生物体结构的模式标本，还是各种模拟模型，造型都很优美，给人以赏心悦目的感觉。同时，它们匀称、和谐、精细，又是人类生命科学实践的相对统一和相对平衡，使人产生优美的心灵体验。

（2）壮美。壮美有两个方面的内涵，一是这种生命现象或规律与人类社会的崇高行为、崇高精神相联系；二是它们凝聚着人类认识自然、利用自然、改造自然和保护自然的智慧，蕴含着漫长而广阔的生命科学实践的内容。所以，这种壮美是对人类的勇气和力量、胸襟和视野、生命力和战斗精神的肯定。

（3）“丑”。生物科学中也有“丑”的东西，如对作为病原体的病毒、寄生虫的介绍和形态展示。这种展示是以否定的态度表现的，寄予了人类战胜它们的美的理想，因而，使“丑”的题材具有审美价值。所以，生物科学中的“丑”有别于畸形和不美。它们不是对美的简单否定，而是以反面形式保持了正面的审美理想和观念。

（二）生命美感心理结构的形成

1. 智力机制的作用

在一般的审美感知中，人们对审美对象的鉴赏并不需要将其属性都搞清楚。然而，对生命现象来说，如果缺乏全面的认识，就很难形成对它们的美的整体感知。例如，蛇的形态婀娜多姿，毒蛇更是颜色艳丽，但是要当心它们在美的外表下的毒害，即“丑”的一面。反过来说，如果只看到蛇咬人的一面，吸取“农夫与蛇”的故事中的农夫的教训，遇蛇必捕杀，又则是对生命之美的一种破坏。所以，仅仅接触到事物表面的初级美感，常常极不可靠，容易把形式与内容、外在美与内在美割裂。只有形成了具有深刻认识能力和理解能力的智力结构，才能使人对生命世界的审美感受更加深入、更加强烈。

2. 情感机制的作用

美感是人的情感机制行使感受功能而进行的审美判断的一个心理过程，所以审美活动不同于认识活动。在认识活动中，认知结构的作用是科学地理解生命现象。而在审美活动中，人们以审美的眼光观察事物。如果符合我们的审美观念，就会产生肯定的、愉快的情感；反之，则会产生否定的、不愉快的情感。例如，对蝎子认识活动的结果是形成科学全面的认识，这种认识就无所谓美丑。但是，在审美活动中，就往往与破坏安宁（不小心被蝎子叮咬）或劳动收获（从事养蝎的经济活动）联系在一起。所以审美体验是智力机制与情感机制共同作用的结果。

3. 道德机制的作用

人类为了社会群体的生存和发展，必须制定各种伦理道德规范，以约束和克服个体的各种欲求。凡是违背、破坏、损伤了这种规约的就为丑，反之则为美。这种伦理道德规范是不断发展的，特别是在生命科学领域。例如，过去有人扛着鸟枪打鸟，被认为是很光彩的事，具有很美的形象，现在则被认为是丑恶，因为他违反了生态伦理和环境道德。所以，一个人的审美情趣，除了要求有高度的文化修养外，还必须具备强烈的道德感和理性精神。

（三）生物学教育中的审美活动

1. 审美活动的价值

生物学教育中美育的重点在审美教育，它主要借助自然美和科学美（也有社会美、艺术美和技术美），培养学生的正确审美观，提高学生的审美能力。其功能是陶冶情操和开启智力。

在生物学教育的审美活动中，应通过对审美形式、审美形象的各种感受，使学生的审美情趣、审美鉴赏力和审美创造力等审美能力得到发展。通过审美过程中对美的回味和领悟，培养学生的感受力、想象力和理解力。与物理科学相比，生物科学更注重形象思维。因此，生物学教育的审美活动应更关注抽象思维和形象思维的联系路径，从而增强学生科学探究的热情。同时，抽象思维和形象思维的结合能激活创造性的想象力，拓展思维空间；还能引导学生把对生命规律的探索体现在最合乎目的性的形式中，如同沃森和克里克对DNA结构模型的探索一样。这就是人们通常说的“以美启真”。

2. 审美活动的方式

生物学教育中的审美活动，可以采取三种方式。

（1）日常式审美。课程开发和实施中有意识地加强形式美，使学生在学习过程中不自觉地审美，从中获得美感，提高学习兴趣和学习效率。

（2）鉴赏式审美。生物学教育中有意识地设计审美活动，使学生通过审美活动了解生命美和科学美之所以为美的特性，并根据审美对象的表现形态采取相应的审美方式，有目的地发展学生的审美情趣和审美能力。

（3）研究式审美。在生物学教育过程中，可设计一些基于生命科学的美学探究活动，让学生以理性分析为手段，研究认识生命科学中的美学问题。总之，生物学教育中的美育是为提高国民素质服务的。一个人的素质体现为他的需要和能力。需要是能力的内在规定，需要的水平决定了能力的水平，需要的发展与丰富推动着能力的发展与丰富。没有内在的审美需要，人就缺乏投入审美活动的内在动力，就不可能有审美能力的发展。另外，能力水平也规定了需要的水平，能力的发展与丰富也促进了需要的发展与丰富。没有一定的审美能力，人就不可能投入审美活动，需要也就不可能得到满足和发展。所以，我们要解决好需要和能力两个方面的问题，最终实现审美育人的目的。

四、生物实验教学的现实价值

生物课程本身具有较强的实践性，为了打造高效课堂，展开生物实验是势在必行的。学生身为课堂学习主体，他们的学习兴趣直接决定着教学效果，也关系着学习能力能否得以提升。现如今，如何充分利用实验，有效激发学生学科兴趣已然成为一项备受关注的研究课题。

生物属于自然学科，实验是其最为核心的教学组成。从本质上分析，生物实验教学的现实价值主要体现为以下几方面。

（一）传承经典实验，增强学生直觉感

生物教材包含大量经典实验，这些实验呈现出科学家的探究精神以及逻辑思维。在展开实验教学的过程中，教师首先应引导学生认识经典实验，使学生从中汲取一定的经验，有效增强学生的直觉感。同时，可营造课堂学习氛围，满足新时期学生的实际需求。

（二）优化教学课堂，拓宽学生知识面

若是仅以理论讲解为主，课堂上学生的个性思维发展必然会受到限制，长时间下去还会对生物学科产生抵触情绪。而利用生物实验，可优化教学课堂，尽管完成实验需遵循规范性原则，但在此过程学生思维可有效拓展，掌握实验方式、步骤的同时，也可适当地增添个人想法，进而达到拓宽自身知识面的目的。

（三）凸显创新元素，培养学生自觉性

社会发展、时代进步的今天，生物技术不断革新与升级，在展开生物实验时，教师应结合时代变化，将更新的生物技术呈现在课堂上，使学生能够了解新兴技术，激发学生的兴趣。同时，教师可依托信息技术，以多元化的形式展示生物实验，使学生可构建生物模型，并针对性地培养学生的自觉性。

第二节　现代生物学教学的核心理念

教育的目的是要促进人的发展，这一目的在于使人日臻完善，使学生的人格丰富多彩，表达方式复杂多样；使学生作为一个人，一个家庭和社会的成员，一个公民，以及生产者、技术发明者和有创造性的理想家，来承担各种不同的责任。

联合国教科文组织委员会从举行第一次会议开始，就坚决地重申了一个基本原则：教育应当促进每个人的全面发展，即身心、智力、敏感性、审美意识、个人责任感、精神价值等方面的发展。应该使每个人尤其借助于青年时代所受的教

育，能够形成一种独立自主的、富有批判精神的思想意识，以及培养自己的判断能力，以便由他自己确定在人生各种不同的情况下他认为应该做的事情。

21世纪需要各种各样的才能和人格，而不只是需要杰出的个人，当然这种人无论在任何一种文明中也都是很重要的。因此，学校教育应该向青少年提供一切可能的美学、艺术、体育、科学、文化和社会方面的发现和实验机会，这将补充人们对以前各代人或现代人在这些领域里的创造所做的吸引人的介绍。对提高想象力和创造性的关注，还应当进一步重视从儿童或成人的经历中得来的口头文化和知识。

人的这种发展从生到死是一个辩证的过程，从认识自己开始，然后拓展到与他人的关系。从这种意义上说，教育首先是一个内心的旅程，它的各个阶段与人格不断成熟的各个阶段是一致的。因此，教育作为实现成功的职业生活的一种手段，是一个非常个人化的过程，同时又是一个建设相互影响的社会关系的过程。

21世纪为信息的流通、储存以及传播提供了丰富的手段，因此，这也对教育提出了似乎有些矛盾的双重要求。一方面，教育应该大量和有效地传播不断发展的、与人的认识发展水平相适应的知识和技能，因为这是造就未来人才的基础。另一方面，教育还应找到并且标出判断事物的标准，使人们不会迷失在瞬息万变的信息世界中，使人们不会脱离个人和集体发展的方向。可以这么说，教育既要提供一个复杂的、不断变化的“世界地图”，又应该提供“有助于在这个世界上航行的指南针”。

根据对未来的这种展望，仅从数量上满足对教育的那种无止境的需求（不断地加重课程数量负担）既不可能也不合适。每个人在人生之初积累知识，尔后就可以无限期地加以利用，这实际上已经不够了。他必须有能力在自己的一生中抓住和利用各种机会，去更新深化和进一步充实最初获得的知识，使自己积极地适应这个不断变革的世界。下面将从三个方面介绍生物教学的核心理念。

一、面向全体学生

（一）力求尊重每一个学生

面向全体学生意味着要尊重每一个学生，要给每一个学生提供同等的学习机会，使所有的学生通过生物课程的学习，都能在原有的水平上得到提高，获得发展。

尊重每一个学生，特别是尊重那些个性特别、学习成绩较差、家庭条件相对较差的学生。因为学生的背景不同，起点也不相同，因此决定了他们在回答有关的生物学问题时，对生命的理解和体会有所不同。部分学生会理解得快一些，部分学生可能会理解得慢一些。我们须重新审视我们的教育，要在充分尊重每一个学生发展权利的基础上，承认他们在发展方向、发展速度和最终发展程度上存在差别。在教学过程中，要注意并保护好他们在学习上的积极性和主动性，应该把学习机会更多地提供给他们，要让每个学生在学习实践中都有机会获得成功。同时，也要为那些学习优秀，有能力超出标准要求，能够进行更深一步学习的学生提供更广泛的学习空间。力争使所有的学生经过学习后，都应该有机会并通过多种学习途径达到生物课程标准所规定的认识水平和知识水平。

（二）保证课程内容多样性

面向全体学生意味着课程内容的呈现应该多样性，应该满足不同层次学生的需求。课程标准中规定了明确的课程目标和内容标准，教师应根据这些目标去选择课程内容，这是一个非常重要的问题。选择课程内容时要考虑解决的一个基本问题是，选择哪些知识内容、技能技巧、教学活动和学习经验，才能更好地适应本地区、本学校学生的特点，并达成既定的课程目标。

学生有着不同的学习背景，他们所具有的文化背景和经验有很大的差异。即使是有着相同家庭和社会背景的学生，也会因个性的差异，兴趣、爱好、行为、习惯、动机和需求的不同而表现出学习风格上的差别。所以，教师在教学的过程中应尽可能体现新课程的特点，使教学内容呈现多样化，以满足不同学生的需要。因为只有多样化的课程内容，才能更好地适应和满足多样化的学生需要。

（三）能够公正地评价学生

面向全体学生意味着对每一个学生的评价必须公正。评价是教学过程中不可缺少的环节，是教师了解教学过程、调控教学行为的重要手段。在评价过程中，教师应保证所有的学生都有足够的机会来展示他们在生物学课程上的全部学习成果。教师进行评价的目的，是为了让学生更好地了解他们在现阶段多大程度上达到了课程标准所确定的要求，从而更好地改善自己的学习方法和状况，而不是通过评价将学生分成等级，按某一次或几次考试的成绩将学生排序，伤害大多数学生学习的积极性。教师在评价的过程中应该注意：评价时不能对学生带有任何偏见，不能受先入之见的影响；评价工作应该在不同的情景下进行，必须让具有不同兴趣和精力的学生参与；评价的方式和内容应该多样化，以便让不同程度的学生都有机会展示自己不同方面的学习成果。

二、提高生物科学素养

生物科学素养是指参加社会生活、经济活动、生产实践和个人决策所需的生物科学概念和科学探究能力，包括理解生物科学、技术与社会的相互关系，理解生物科学的本质以及形成科学的态度和价值观。

（一）树立科学的态度和科学的价值观

1. 科学的态度

（1）好奇心　每个学生都是天生的“科学家”，他们生来就对周围的世界，尤其对自然界中那些有生命的东西充满了好奇。小学生在上自然课时，对自然界中形形色色的生命现象充满了热情，并在探索自然的过程中能够产生充实感和兴奋感。生物学教师的任务就是培养学生对科学产生好奇，并将这种好奇心保持下来，使之进一步转变成对科学和对学习科学的正确态度。

（2）诚实　也就是我们经常说的实事求是，对于学生来说是一种非常重要的思想品质。在科学教育中，培养学生诚实的品质要求学生要真实地记录和报告在实验中观察到的东西，而不是他们想象中应该有的东西，也不是他们认为老师想要的东西。

（3）合作　随着科学的不断发展和进步，科学研究的规模和范围变得越来越大，越来越多的研究人员被组织起来共同研究和开发一个项目，一个重大科学发明往往需要许多的科研人员共同参与。因此，团队成员之间的合作意识是科学精神的重要组成部分。

（4）创造力　创造力一般分为两种：一种是特殊才能的创造力，主要是指科学家、发明家和艺术家等杰出人物的创造力；另一种是自我实现的创造力，它指的是对人类社会和其他人来讲未必是新的但对自己来说是初次进行的、新的、前所未有的。培养学生的创造力不是要求每个人都去搞发明创造，而是要求学生进行独立思考的创造性学习。因此，学生的创造力主要是指自我实现的创造力。

2. 科学的价值观

（1）科学认为世界是能够被认知的，世间的万事万物都是以恒定的模式发生和发展的，只要通过认真系统的研究都可以被认知。

（2）科学知识是不断变化的，科学是一个产生知识的过程，知识的变化是不可避免的。有些新的发现会对已有的理论构成挑战，因而要不断地对这些理论进行检验和修改。

（3）科学虽然处于不断的变化中，但这种变化只是处于缓慢的修正之中，绝大部分科学知识是非常稳定的，所以，科学知识的主体具有连续性和稳定性。

（4）科学不能为一切问题提供全部答案。世界上还有很多事物不能用科学的方法来验证，因此，科学还不能解决所有问题。人类面临的很多问题，是由政治、经济、文化和环境共同决定的，科学只是其中的一个因素。

（二）突出科学、技术与社会之间的关系（STS）

生物课程对学生进行 STS 的教育，目的在于突出科学、技术与社会之间的关系，即教育、教学内容的出发点不仅限于科学知识本身，也强调三者之间的关系。

科学是知识的一种存在形式，是人类长期努力探索的产物。但是，科学不能仅仅局限于具体的科学知识，它包括在历史中逐渐形成的一套行之有效的方法，包括探究、实验、观察、测量和对数据的分析、对结果的报告。这些活动需要特殊的技能和思维习惯。技术是对包括不同学科内的不同科学概念和技能方面的知识的应用，同时也是为满足和解决一些特殊需要的问题而对诸如材料、能量工具（包括计算机在内）的应用。技术同科学一样，也是一种求知的方法和一个探究、实验的过程。科学提供知识，技术提供应用这些知识的方法，而价值观念则指导人们如何去对待这些知识和方法。科学、技术与社会是紧密相连的。解决技术问题需要科学知识，而一项新的技术的产生又使科学家有可能用新的方法来扩展他们的研究，通常技术对社会的影响比科学对社会的影响更为直接。学生在生物学课程的学习过程中，通过参与和解决现实世界中具体问题来获取科学与技术的知识，并树立正确的态度、价值观，增强社会责任感。这样，在日常生活中，他们就知道如何把所学的知识和方法与实践相结合，并可对科技引起的新问题进行思考和判断，在他们参与社会时，能够依照自己的价值观对某些问题做出合理的价值判断，并能够采取适当的行动。

（三）提高现代生物学知识与技能

现代生物学知识包括基本的现代生物学概念、原理和规律。让学生掌握一定的生物学知识也是生物学课程所规定的基本任务之一。在校学生应获得有关生物体的结构层次、生命活动、生物与环境、生物进化以及生物技术等生物学基本事实、基本原理和规律，对生物学的整体方面有一个大致的了解。生物学课程应该给学生提供机会，让他们了解现代生物学的进展，了解现代生物技术对人类社会和人们生活的影响。这种影响既包括正面的影响，也包括负面的影响。让学生在研究性学习或实践活动中，利用所学的生物学知识和方法去解决身边的问题，使学生具有运用知识的能力，这也是知识领域中的另一个重要目标。

三、提倡探究性学习

现代生物学新课程倡导探究性学习，力图改变学生的学习方式，引导学生主动参与、乐于探究、勤于动手，逐步培养学生搜索和处理科学信息的能力、获取新知识的能力、分析和解决问题的能力，以及交流与合作的能力等，突出创新精神和实践能力的培养。

（一）探究性学习的基本含义

探究性学习是让学生在主动参与过程中进行学习，让学生在探究问题的活动中获取知识，了解科学家的工作方法和思维方法，学会科学研究所需要的各种技能，领悟科学观念，培养科学精神。这种学习方式是对传统教学方式的一种彻底改革，学生将从教师讲什么就听什么、教师让做什么就做什么的被动学习者，变为主动参与的学习者。教学模式也将发生根本的改变，生物课将有更多的学生实验、讨论、交流等活动。这种学习方式的改革不仅会影响学生，也将会影响科学教育的诸多方面，如教材的选材和呈现方式、课堂组织形式、教学内容的选择、教学评价、教学资源、教学时间、师生关系等都将会随之而发生改变。

探究性学习是一种学习方式的根本改变，学生将由过去从学科的概念、规律开始的学习方式变为学生通过各种事实来发现概念和规律的方式。这种学习方式的中心是针对问题的探究活动，当学生面临各种让他们困惑的问题时，他们就要想法寻找问题的答案。在解决问题的时候，他们要对问题进行推理、分析，找出问题解决的方向，然后通过观察、实验来搜集事实；也可以通过其他方式得到第二手的资料，然后通过对获得的资料进行归纳、比较、统计分析，形成对问题的解释。最后通过讨论和交流，进一步澄清事实、发现新的问题，对问题进行更深入的研究。

（二）探究性学习的目的

探究性学习的一个重要目的是学生必须掌握科学的研究方法。如果不亲自参与探究，学生就无法理解科学探究的艰难，无法体会科学家在科学研究中可能遇到的各种问题，以及科学家怎样通过一次一次的尝试来解决问题。参与探究可以帮助学生领悟科学的本质。

总之，生物学新课程的三项课程理念给我们的启示是：生物教育由精英教育走向大众教育；由学科知识本位走向学生发展本位；由侧重认知层面走向关注学生整体素质；由指导教师教学工作统一的硬性规定走向指导课程实施开放的灵活的管理。

第三章
现代生物学专业课程设置与教学优化

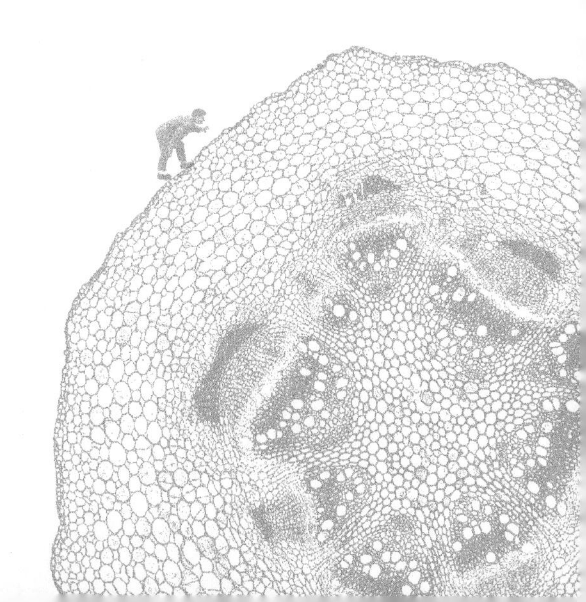

第一节　现代生物学专业课程设置

本节列出了现代生物学专业中的一些主要课程信息，但鉴于不同院校的具体教学任务、办学特色和培养方向等方面的差异和侧重，下述课程设置仅供参考。

一、基础理论类学科设置

- 细胞生物学：研究细胞结构、功能、代谢、增殖、分化、衰老与死亡等。
- 分子生物学：从分子水平研究生物大分子（核酸、蛋白质等）的结构、功能和相互作用。
- 生物化学：研究生物体的化学组成和化学反应。
- 微生物学：研究微生物（细菌、真菌、病毒等）的形态、结构、生理、生态、遗传等。
- 遗传学：研究基因的结构、功能、变异、传递规律等。
- 生物物理学：运用物理学原理和方法研究生物的结构和功能。
- 免疫学：研究免疫系统的组成、功能和免疫应答机制等。
- 生物信息学：结合生物学和信息学，处理和分析生物数据，进行基因序列分析、蛋白质结构预测等。
- 动物学：包括动物分类学、动物生理学、动物生态学等。
- 植物学：如植物分类学、植物生理学、植物生态学等。
- 生态学：研究生物与环境的相互关系，有个体生态、种群生态、群落生态、生态系统生态等分支。

二、交叉学科和应用类学科设置

1. 生物医学相关

- 生物医学工程：结合工程学和生物学，开发医疗设备、医学影像技术、生物材料等。
- 人体生理学：人体正常的生理功能和代谢。
- 病理生理学：研究疾病发生发展过程中的功能和代谢变化。

- 医学微生物学：研究病原微生物与医学的关系。
- 神经科学：研究大脑和神经系统疾病的诊断和治疗等。

2. 农业相关

- 农业生物学：研究农业生物的生长发育等。
- 植物保护学：防治植物病虫害等。
- 农业微生物学：微生物在农业中的应用和影响。
- 农业生态学：农业生态系统的结构和功能。

3. 环境科学相关

- 环境生物学：研究生物与受人类干扰的环境之间相互作用。
- 污染生态学：研究污染对生态系统的影响和修复机制。

4. 生物技术相关

- 发酵工程：利用微生物或有活性的离体酶，生产生物产品。
- 酶工程：酶的开发、生产和应用。
- 生物制药工程：利用生物技术进行蛋白质药物、核酸药物、疫苗、抗体药物等的研发与生产。
- 生物材料学：开发用于医疗、工业等领域的生物材料。

5. 其他相关学科

- 生物学课程与教学论（师范类专业涉及）。
- 生物伦理学：探讨生物技术发展带来的伦理道德问题。
- 生物史学：研究生物学发展的历史。
- 生物分类学：对生物进行分类和命名等。
- 生物专业英语

三、实践教学课程设置

- 普通生物学实验
- 生物化学实验
- 细胞生物学实验
- 遗传学实验
- 分子生物学实验
- 微生物学实验

- 动物学实验
- 植物学实验
- 生态学实验
- 科研训练与实践
- 前沿技术专题研讨
- 毕业实习
- 毕业设计（论文）

第二节　现代生物学专业教学优化

在上节中，我们主要介绍了生物学专业的课程设置，本节内容我们研究生物学专业的建设，主要从细胞生物学的教学优化来进行分析，其他生物学课程在教学方面与细胞生物学有着很多相似之处，所以不再进行深度剖析。

一、教学目标优化

高等教育的发展潮流要求教育工作者要以人为本，促进大学生的全面发展，尤其要重视从重知识的传承转向能力培养的要求。当前大学的很多课程都在积极推行教学改革，努力寻找提高教学质量的突破口。然而，教师“重知识传授，轻思维启示；重教学形式，轻思想内涵；重单点深入，轻纵横联系”。学生“重被动接受，轻主动思考；重理论识记，轻实践操作；重孤立运用，轻灵活迁移”。教师与学生的思维定式难以改变，课堂较沉闷，学生以被动学习为主，“上课记笔记、考前背笔记、考试考笔记、考后丢笔记”等现象仍然占据着大学课堂的主导位置，如何在“分子细胞生物学”课堂的教学中改变这一局面，是众多生物学教师经常思考的一个问题。

通过教学实践我们认为，要取得好的教学效果，必须要对“分子细胞生物学”课堂教学进行一个正确的目标定位。从课程性质来看，分子细胞生物学是由于分子生物学技术的出现而诞生的一门新学科，是一门在分子水平上研究基因对细胞活动调控以及各种细胞结构的形成和功能执行的科学。从课程地位和任务来看，只有在分子水平上了解细胞的基本活动规律，才能更好地学习掌握生命科学的其他知识，从而利用现代生物学技术对各种生命活动现象和发展规律加以利用，造福人类，所以它是现代生命科学研究的基础，是生命科学类专业的基础课。从授课对象来看，国家生物学理科基地班是培养我国生物学领域基础研究和教学人才的“国家队”，人才的培养目标要求是“基础扎实、动手能力强、具有较强科研素养的创新型人才”，学生进校的起点高，绝大多数毕业生要以保研、考研或出国的方式进入研究生阶段进一步深造。

因而，我们将“分子细胞生物学”课堂教学的目标定位在“讲清基本理论，注意相关学科知识点之间的联系；紧跟学科前沿，介绍最新的研究动向和方法；设置启发思维的情景，着重培养学生的创新思维和创新能力”。围绕这一教学目标，我们确立了“重在激发学生的学习兴趣和投身科研的信心”的教学理念，并将该理念贯穿于课程教学各个环节的内容设计之中。希望学生通过学习这门课程，对专业基础课和专业课的学习目标和重点有一个全新的认识。

二、教学内容的优化

（一）遵循的原则

课程建设最终是为了将培养目标转化为课程目标，再将课程目标贯彻在可操作性强的、针对性强的、具体的教学目标之中，在教学目标的指导下进一步安排教学内容，策划教学环节，将知识与能力、过程与方法、情感态度价值观等三维目标的实现落实在具体的每一个教学环节中，从而形成协调统一的、具有一定特色的课程体系。因此，构建科学教育专业的普通生物学公共平台课程体系应遵循以下原则。

1. 科学性原则

课程建设要遵守科学性原则。第一，课程建设要符合教育教学的规律和学生身心发展的客观规律，立足于社会的需求，向教育对象教授科学正确的知识，引导正确的价值观导向。第二，课程建设所含有的所有内容应具有科学性，应根据培养目标与专业要求，整合学科知识，制定课程大纲计划，构建课程教学内容和实验课程体系。第三，课程建设的一系列过程中，要科学合理地组织规划，有效实施各个环节，科学地进行硬件软件管理，等等。

2. 系统性原则

课程建设是一个系统工程。马克思主义的辩证唯物观包括了典型的系统观，它认为，对于一个由若干要素在相互关联、相互作用下构成的系统，其结构是要素的整体反映，印证了要素间的相互联系和作用的状况，要素是系统内部相互关系的反映。由于课程建设是一连串复杂、动态、可调节性强的活动，我们应该从课程的整体目标出发，把课程组织实施过程当中所牵涉的各个方面看作课程系统的有机组成部分，在坚持系统性原则的基础上，将各教学环节环环相扣，一脉相承方能收到好的教学效果，最终实现课程建设所预期的结果。系统性、整体性也是课程体系现代化的动力系统之一，整体功能大于部分功能之和的特点，取决于系统内各因素间如何联系、如何相互作用。因此，为了充分发挥整体效应，就必须合理地组织课程体系内各要素，统筹规划、精心安排、合理布局，不断寻求课程体系的各个要素之间最佳的组合方式和最恰当的衔接协调，实现课程建设整体中所体现的各环节的最大限度优化。

3. 未来性原则

教育要面向现代化、面向世界、面向未来，里面所包含的面向未来充分蕴含了教育的超前性意识和未来性。不管是教学或课程建设，还是做任何其他一件事，都要有未来的蓝图设想，有梦想有计划，课程建设才会有新的发展。古话说：十年树木百年树人。教育是国家大计，作为系统工程，更是一个国家生存的根本。而实现教育目标是教育界最高的理想，也是全民族的诉求，具体到课程，课程是学校教育培养未来人才的核心，是教学计划的蓝图，课程建设无疑在各类教育中扮演着举足轻重的地位，它为收获明天的人才打下了坚实的伏笔。因此，在课程建设中，应坚持未来性原则，不仅是针对学校管理人员，课程研究人员，教师、学生都应该有自身的超前意识。此外，教材教程、实验用书等内容要随着时代的进步不断地适当更新，积极反映科技的前沿成果与新动向，让学生及时感知、体验、了解、认识、掌握、合理地应用新科技。

4. 开放性原则

任意一门专业的课程体系都可看作是一个开放性的知识和技术系统。当今的高等教育课程正朝着国际化、全球性的大趋势迈进，课程体系在不断完善的现代化过程中，总是不断地与周围环境进行物质、能量、信息的交换，高等学校课程体系作为整个社会大系统中的一个子系统，它的每一个因素都是开放、动态的。课程体系与社会（教育）其他子系统时时刻刻都发生对流，在这种对流中与环境进行物质、能量、信息的交换来保持自身的动态平衡。开放性体现的是动态性，应该注重稳中求进。它主要通过教育主体在人才培养、科技以及社会服务活动中获得各种反馈信息来调整自身系统与外部环境的关系，以维持课程体系现代化动力系统与环境的平衡。开放性特点要求我们必须从人才培养的现实环境出发，必须考虑社会经济发展需求，遵循教育发展规律，把握教育与教学开放性意识与规律，与社会、职业相联系，不断优化课程体系目标和改善课程体系结构，拓展现代化开放性动力机制，以更有效地完成人类赋予高校教育教学、为社会服务的崇高使命，更大效度地发挥教育的潜在价值。

5. 综合性原则

综合性原则是针对分科课程而言的，现阶段课程的分科与综合是两种趋势，不能只顾分科不顾综合，也不能只顾综合不顾分科，二者应有效结合。因此普通生物学课程体系建设不能局限在本门课程的视野范围内，还应有效地融合借鉴其他课程的理念、手段或方法。此外，综合性原则还要求我们在设置课程时要从学生的全面发展出发，不仅重视对学生知识的传授，还要重视对学生能力的培养，注重在全面发展的基础上照顾不同层次和不同兴趣的学生，以培养具有创造性、个性化的综合型、复合型人才。

（二）保证“质量”

以细胞生物学为例。细胞生物学的内容覆盖面广、跨度大、发展快且与其他学科的交叉渗透广泛，教学过程中容易出现主线不清晰、体系不严密、层次不分明、内容多而杂、学生理不清与记不牢等问题。在教学中要使学生能较全面系统地掌握细胞生物学教学内容，在头脑中建立起一个较牢固扎实的“知识网络”，是细胞生物学教学中的一个难点，这就要求教师在教学中更多地考虑讲授的内容和质量。

1. 注重教材的合理选用

根据近年出版的细胞生物学教材内容上的各自特点，结合专业设置和学生的基础等情况，应选用具有系统、完整细胞生物学学科知识体系和能反映当代细胞生物领域最新成就的优秀教材。同时，教师还应多参考国外一些著名教材中的内容及网络资源中体现细胞生物学学科发展前沿进展的内容，通过大量阅读、整理归纳，不断提高和创新改进，以丰富教学内容，开阔学生视野。

2. 突出教学重点，避免重复教学

细胞生物学教学内容与其他学科的内容相互联系、相互渗透，涉及微生物学、生物化学、遗传学、分子生物学、普通生物学等，而且在授课时间上有前有后。如何避免与先行课中某些内容重复，又为后续课程留有余地，突出本学科的特有内容显得至关重要，为此我们进行了授课内容的优化。关于组成细胞大分子的基础知识及代谢对于学习细胞生物学是不可缺少的，例如胶原、弹性蛋白、糖胺聚糖、蛋白聚糖、脂蛋白、蛋白质的修饰、蛋白质的生物合成过程、呼吸链与氧化磷酸化等内容在生物化学课程中，学生已学过这些知识，在细胞生物学教学中不再重复。核型分析、中期染色体的类型、中期染色体的结构、染色体 DNA 的三种功能元件、染色体显带、核小体结构、多级螺旋模型等内容在遗传学的教学中详细讲授，基因表达调控、泛素化途径的蛋白质降解过程等内容在分子生物学的教学中详细讲授，这些内容在细胞生物学教学中做简单介绍。有的细胞器和它的主要生理功能在其他课程中已详细讲述（如叶绿体的结构和功能），细胞生物学教学则尽量从略，而把时间主要用在讲授学生尚未学过的内容上（如叶绿体的代谢自主性程度，核基因对它的控制，叶绿体的起源等）。在讲授时力求着重从细胞的结构和功能相联系的角度加以阐述，使本学科与其他课程的知识紧密衔接而又避免不必要的重复，在有限的教学时数内以最大的信息量将知识传授给学生。实践证明，这种承前启后的教学方式，既保持了细胞生物学课程的完整性、系统性，又解决了相关课程间的重复教学问题，对提高单位时间内的教学效果，激发学生的兴趣具有积极作用。

3. 教学内容贴近时代发展

教学内容决定了学生的基本知识结构和基本能力的形成，教学内容是否新颖，对提高教学质量具有重要影响。细胞生物学教师，必须跳出书本的框架，站在细胞生物学发展的前沿，掌握本领域科技发展的最新动态，并及时把这些动态、研究成果以及有待攻关的重要课题在教学内容中反映出来，从而激发起学生发现新知识的热情和动力，帮助学生学会预测、预见和构想未来事物的发展变化，不断增强学生的自觉性和创造性。当今，生物学的主要发展方向是分子细胞生物学，一批新的学科已经形成，如细胞工程、基因组学、蛋白质组学等。很多新技术、新方法（如 PCR 技术、生物芯片技术、生物信息学等）在细胞生物学中广泛应用。完全按照细胞生物学教材教学已不能掌握更多的新知识、新理论。细胞生物学发

展的总趋势要求课程内容逐渐增加分子细胞生物学的比例，在有限的课时中尽量介绍该学科的新发展、新观念。我们在教学中，每年根据新的发展动态初步调整讲课的重点、难点等，在原有的基础上，查阅各类期刊，力求把该领域的最新科研成果和热点内容及解决的关键问题融入教学内容中。例如，在讲授“细胞分化”内容的时候增加了干细胞的研究进展、细胞分化与器官再生及其应用前景。在讲“细胞衰老与凋亡”一章时，增加了细胞衰老与细胞寿命、人类长寿的关系等内容，介绍了当今的热点是人们力图寻找细胞中的“衰老基因”及其信号传导等。

4. 将教学内容的精选与讲解的科普化相结合

精选教学内容分为基本部分与一般部分。基本部分分为重点、难点等，一般部分可分为简讲与学生自学等，在讲授学时上应予以合理分配。精心编写讲稿是在精选内容基础上，按课时分配分为若干单元，写出单元讲稿。在讲稿中注重基本概念、基本理论、基本技能；处理好深度、广度和进度；解决好重点、难点和疑点。精心讲授是在编写讲稿基础上，采用少而精的启发式教学法，依内容的不同采用对比法、图表法等具体方法，引导学生积极思考。应保证重点内容讲清楚讲透彻，精讲中多举实例，讲练结合。

对教学内容的讲解，应力求科普化，也就是把专业性质很强的内容转化为大家都能看得懂、听得懂的内容。在生物学领域快速发展的今天，做到这一点是相当不容易的，但对大学专业基础课的教师来说，这样做是必需的。这就要求教师对课程中的每一部分内容都能深入理解。在细胞生物学领域，许多新的专业术语或名词对入学一两年的大学生来说是比较艰深晦涩的。如果教师在教学中不注意这一现实，对教材仅仅做照本宣科式的讲解，那么学生的学习兴趣就根本无从谈起，更不能保证取得良好的教学效果。我国著名科学家钱学森曾建议：科学家要多写科普论文，博士应该把自己的论文用科普的语言写出来，让大多数人看得懂。对教师来说，这样做同样非常重要，因为我们授课的目的就是要让学生更快、更好地理解和掌握所学的知识。

例如，在讲“程序性细胞死亡”时，笔者首先从与此有关的“秋风扫落叶”和“人的衰老病死”等自然现象谈起，引出程序性细胞死亡的概念。采用的教学语言举例如下：“当秋风轻轻吹过，金黄的树叶缓缓飘向大地，同学们，可曾像牛顿看见苹果落地而联想到万有引力定律一样发现过什么问题吗？叶落归根是由于树叶的生命走到了尽头，而人和其他生物的最基本组成元素——细胞到了一定时候就会像树叶那样自然死亡，但这种死亡是一种生理性、主动性的自杀行为，而非病理性死亡，所以又叫程序性细胞死亡或细胞凋亡。”然后，笔者进一步分析“人的手指、脚趾为什么是分开的”“肿瘤正是该死亡的细胞不死造成的”等问题。这样，学生就基本理解了该节内容的学习目的和意义。最后，笔者再分析已经发现的与程序性细胞死亡有关的基因及其可能的作用方式、研究方法，并介绍相关的国内外著名的研究机构等。这样，整个教学过程以一种“讲故事”的形式进行。课后调查表明，学生最大的感受是“总算听懂了老师在说什么了”。当然，教学内容科普化处理对教师提出了更高的要求。因此，笔者在教学过程中，特别注意收集、加工和处理与课程有关的信息；同时，在科研工作中勤于思考，经常总结心得体会。这样，在讲到有关章节时，例子就可以自然地与教学内容联系起来，教学语言自然也会更加大众化。

《细胞生物学》《生物化学》及《分子遗传学》部分教学内容出现交叉和重叠现象，要根据细胞生物学在学生的整体课程体系中的地位对教学内容进行遴选，保证教学内容的完整性，同时避免重复内容占用有限的学时。讲义中删去了以往三门课程的重复内容，强调基础课的整体性。对《细胞生物学》《生物化学》和《分子遗传学》课程进行综合与重组是教学改革的一种研究方向。

5. 教学内容的“网络化”和“图表化”

为了提高知识信息质量，有利于学生加深理解，增强记忆，在教学中我们重点阐明细胞生命活动规律，合理安排、取舍教学内容。采用精选或自行设计的大量简明、直观、形象的图像、表格、表解来表达。在教学过程中采用表解、表格，可将“多而杂”的知识信息整理成横向联系、纵向比较、层次清晰的“少而精”的“网络化信息”，有利于在有限时间内，高质量地完成教学计划内容。教学中应体现出概念明确、框架清晰、图文并茂、重点突出、内容丰富、理论联系实际、努力反映前沿进展的优化教学内容。

三、教学手段与方法的优化

（一）细胞生物学多媒体课件的构建与应用

传统的“黑板 + 粉笔 + 挂图”式的教学方法和手段，难以精确描述和显示细胞生物学的真实结构，学生感到抽象、复杂、难以理解，学习兴趣不高。多媒体技术通过电脑将图像、录像和图片等资料引入课程教学，可将抽象的内容具体化，微观内容宏观化。我们将优化后的教学内容，通过认真整理归纳，不断提高和创新改进，形成了一个体系完整、结构简明、重点突出、内容先进、形象化的多媒体素材。通过精心制作，把优美逼真、动感清晰、环环相扣的多种图像（有模式图、光学显微镜图片、电子显微镜图片、平面或三维半动画图片和动画图片等）、表格和文本，展示给学生，实现了将抽象、复杂、微观的细胞生物世界以直观、形象、生动的形式表现出来，使教师教学更加生动，从而有利于启迪学生的发散思维，激发学生的学习兴趣，提高课堂的教学效果。细胞生物学有很多比较抽象、难理解的内容，利用多媒体教学的优势，用 Photoshop 等软件将细胞分裂、细胞物质的转运机制等制作成动画，有利于学生加深理解和记忆，达到寓教于乐及知识性与趣味性完美结合的效果。

当前，多媒体教学模式正逐渐成为一种主要的教学方式。多媒体以其信息量大、形象直观、生动活泼的特点得到了教师和学生的广泛认可。在细胞生物学课程基础知识的讲授过程中，主要以多媒体教学为主体。在制作多媒体课件时，通过搜集大量形象直观的图片让学生对细胞的结构和功能有更清晰的认识。对于一些难以理解的知识点，如蛋白质分选过程、氧化磷酸化过程、细胞凋亡的分子途径等，则通过各种合法途径寻找一些生动形象的动画视频短片，既可以帮助学生更好地理解知识点，又能激发其上课的热情。比如，与氧化磷酸化过程相关的视频，不但将线粒体内外两层生物膜、基质、膜间隙等结构以及氧化磷酸化过程中相关的复合体如何定位在内膜上显示得清清楚楚，而且对于电子如何在内膜的电子传递链上传递，质子如何在复合体中质子泵的作用下从线粒体内腔进入线粒体膜间隙并形成跨内膜的质子梯度，也演示得明明白白，非常有利于学生的理解。多媒体教学使学生获得更多的知识和信息，扩大了学生的知识面。多媒体课件制作对教学起着举足轻重的作用。多媒体课件的制作要符合教学的需求，屏幕背景与字体颜色搭配要悦目柔和。文字要简洁，概念要清晰，条理要清楚。经过多年的教学积累和不断完善，我们制作了一套图文并茂、生动直观的高质量细胞生物学教学课件，以期对细胞生物学的教学有大的帮助。

（二）布置撰写课程论文，锻炼学生的综合能力

部分内容在讲解后，给出研讨题，安排学生课后利用图书馆和互联网查阅资料，综合文献，写成综述和课程论文，并进行专题交流讨论。如膜结构体系

的内容学习完后，学生们对膜结构的类型、功能等有了一定的了解，为了加深巩固对这一重要内容的理解，安排学生每人写一篇 3000 字以上的课程论文，大题目由教师给出，如“脂质体在临床治疗上的应用”“脂质体研究进展”“细胞信号传导研究进展”，小标题自拟；也可以 3 ~ 4 人组成小组，题目由大家讨论决定，共同协作完成。这一活动激发了学生极大的热情，学生纷纷查找资料，相互讨论，论文内容涉及面很广，包括许多他们感兴趣的话题，如“药物生物导弹”“G 蛋白与疾病”等，学生都感到这种方式培养了他们查阅科技文献、文献综合、论文写作和语言表达能力，对科研训练和毕业设计的文献综述写作大有帮助。

（三）通过前沿领域的最新成果激发学习热情

细胞生物学是当代生命科学中发展较快的一门尖端学科，生命科学中的最新研究热点和研究领域都与细胞生物学有关。在注重基础知识和基础理论讲授的前提下，应该关注前沿领域的最新成果，尤其是诺贝尔奖成果。诺贝尔奖代表着全世界基础科学研究的最高水平，与生命科学息息相关的诺贝尔生理学或医学奖、化学奖引领了生命科学领域的主要发展方向。通过介绍诺贝尔奖获得者的研究成果以及其研究历程中对实验材料的合理选择、实验过程的缜密设计和顽强的奋斗精神，培养学生严谨的科学素养和协作精神。如在讲授细胞凋亡章节时，向学生介绍了2002年的诺贝尔生理学或医学奖获得者——英国科学家Sydney Brenner，H. Robert Horviz 和 John E. Sulston 的故事。Brenner 是分子生物学的奠基者之一，他以秀丽隐杆线虫（*Caenorhabditis elegans*）作为探索“程序性死亡”奥秘的实验生物模型。秀丽隐杆线虫生活史仅 3.5d，全身透明，体长 1mm 左右，只有 1031 个体细胞和 1000 个生殖细胞，基因组小。这种独特的材料使得基因分析能够和细胞分裂、分化以及器官的发育联系起来，并能通过显微镜追踪这些生命活动过程。Brenner 于 1965 年开始研究线虫，做了长达 10 年的系统研究，直到 1974 年才发表第一篇相关论文。对 Brenner 研究经历的学习，可以让学生了解在科学研究中选择正确的研究对象以及保持踏实认真的科学态度的重要性。又如，在细胞周期调控的研究中，James Maller 实验室和 Tim Hunt 实验室合作证明了周期蛋白是促成熟因子（maturation promoting factor，MPF）的一种主要成分，这一事例说明了在科学研究中的协作精神也很重要。将前沿领域研究成果与细胞生物学基础知识教学相结合，拓展了学生的思维，使他们产生了探究细胞奥秘的渴望，有利于激发学生的创造性和想象力。

（四）通过开展专题读书报告会培养科研素养

科研训练是提高大学生创新能力的有效途径。通过教学环节将创新思维理念付诸科研训练实践是开展专题读书报告会的目的。为了培养学生查阅文献和综合分析的能力，为其后期申报科研创新课题打下基础，我们设置了两个课时的专题读书报告会。这一工作在绪论章节结束后，由教师结合教材各章节的内容和相关的热门研究领域拟定一系列专题，如水孔蛋白研究进展（物质跨膜运输章节）、脂筏模型（细胞质膜章节）、端粒与端粒酶研究进展、微 RNA（micro RNA）研究进展、组蛋白密码研究进展（细胞核与染色体章节）、细胞衰老基因研究进展（细胞衰老章节）、细胞周期调控研究进展（细胞增殖调控与癌细胞章节）、细胞凋亡途径研究进展（细胞死亡与细胞衰老章节）等。具体实施过程中，将学生分成 5 ~ 10 人一组，每组指定一个专题，要求组内成员分别查阅资料后汇总并充分讨论，制作 PPT 课件，期末各组在课堂上展示其成果。每组汇报人由教师随机指定，各小组选出的代表和老师组成评审团进行评比和点评，其汇报所得成绩为全组同学的共同成绩。这样可杜绝个别学生不参与活动，也可培养学生的集体荣誉感。通过专题读书报告会这种方式，可培养学生查阅文献、阅读文献和综合分析文献的科研素养，并可使全班学生分享细胞生物学领域不同方向的相关专题的研究进展，有利于丰富大家的专业知识。

（五）设置课堂讨论课，提高分析、解决问题的能力

以问题为基础的教学方法是目前发达国家普遍采用的一种课程教学模式，即将问题作为基本因素，使学生在不断提出问题和解决问题中完成教学内容的学习。这种方法可极大地提高学生分析和解决问题的能力。在细胞生物学的教学过程中，我们专门设置 1 ~ 2 个课时进行课堂专题讨论，以拓宽学生的视野，提高学生分析解决问题的能力。通过布置相关的讨论题目，学生在课余时间查阅资料后，选择一节课专门进行讨论、自由发言，在讨论过程中应突出学生的主体地位，老师起组织和引导作用。如讲完细胞质膜这一章后，教师根据膜蛋白的种类以及整合膜蛋白在质膜上的分布，并结合“细胞生物学研究方法”的知识，设计了“如何通过实验确定膜蛋白在质膜中的分布”这一题目进行讨论，期间学生的思路可谓是应有尽有，有的提出通过冷冻蚀刻技术，有的提出在电子显微镜下观察，有的

认为用荧光标记膜蛋白，也有的提出同位素分别标记不同蛋白质，等等。通过充分的讨论，学生们不仅巩固了前面的知识，包括各种显微镜的放大能力和应用范畴等，对膜结构和膜蛋白也有了充分的认识，同时还提高了实验设计的能力以及怎样从不同侧面来证明问题的能力。

（六）对微观世界宏观化以促进对抽象知识的理解

细胞是组成生物体最基本的单位，肉眼基本看不到细胞，必须借助于光学显微镜、电子显微镜等工具才能观察到。同时，细胞生物学理论性很强，内容抽象难懂，学生缺乏感官认识。在细胞生物学教学过程中，正确引导学生从前期课程植物学、动物学等生命科学的宏观领域转入到微观的细胞水平上，是细胞生物学教学的一个重要环节。因此，在课程开始时，应启发学生将微观世界宏观化，把细胞想象成地球，而细胞内的世界和地球上的世界有很多相似点。比如，在讲到细胞骨架时将其比喻为公路和铁路，时刻运输着细胞内的物质；而沿着微管运输物质的驱动蛋白和动力蛋白如同火车和汽车；细胞内的线粒体就像是发电厂；细胞核就像是政府部门，管理着整个细胞内的事务；转录 mRNA 翻译蛋白质就如同政府派遣专员传布命令；等等。通过以宏观认识理解细胞微观世界的这种方式，启发学生理解抽象内容，课程内容就不再枯燥无味，有利于学生对细胞生物学知识有新的认识和思考。

四、课程考核体系的优化

（一）课程考核原则

改革传统的课程考核方式，对学生知识与能力等多方面进行考核，才能真正反映学生综合知识与技能水平。同时，灵活多样的考核方式，更有利于培养具有创新精神的高级技术应用型人才。改革课程考核方式，必须以人才培养目标为依据，结合课程教学目的等作为课程考核改革的实施准则。

1. 考核方式多样化原则

改变以闭卷为主、以笔试为主、以基础知识和基础理论为主、以名次考核定结论为主的考核方式，采取闭卷与开卷并举，笔试与口试、答辩并举，理论考试与技能操作并举，综合利用多种考核方式的形式。把教学作为一个动态的过程，考核作为教学质量评价手段，贯穿于整个教学过程中，加强平时教学过程的考核，将课堂提问、小组讨论、阶段小测、小论文、写心得体会、技能训练、查阅资料等各阶段的成绩记录到平时成绩中。加大平时成绩在总评成绩中的比例，有助于激发学生平时学习的动力与兴趣，从而有利于提高学生应用能力与创新能力的培养。教师应通过平时考核，了解当前教学动态，改进教学方式。考核不是结果，而是教学的“指挥棒”。

2. 考核内容全面性原则

课程考核应为应用型人才培养目标服务，考核内容与评分标准应根据应用型人才的培养目标来制定，既要考查专业基础知识和基本原理，又要注重考查学生的实践应用能力和创新意识与能力。考试内容不是局限于书本内容、课堂内容的简单重复或者说是记忆考查，而是在此基础上的提高和综合应用与创新。考核内容设计应科学合理，让考核内容成为应用型人才培养目标的导向。

3. 评价主体多元化原则

建立外校与本校同行、企业与行业专家、学生等多方参与的多元化评价主体机制，改变任课教师“一言堂”状态。让外校、本校同行参与，使得任课教师能与外校、本校同行在教学内容上有交流与比较，以取长补短。让企业、行业专家参与，有利于了解人才培养规格能否符合社会需求，是否满足企业、行业对人才的需要。让学生参与，学生变成评价的主体，可促使师生的“教学相长”，提高学生学习积极性与主动性。多元化的评价主体机制，使得各方形成参与合力，保证教学质量的提高，确保应用型人才培养目标的实现。

4. 考核结果导向性原则

考核结果应尽可能地反映学习的综合性、应用性、多维性，通过考核结果来引导学生主动学习，引导学生对专业培养目标的认同，引导学生重视能力的培养，重视专业基础知识、基本原理的积累，改变学生“一切为考而学”的现状。学生能借鉴社会、行业、企业对人才规格的需求，根据课程教学目的，结合自身实际弥补自己不足、突出自身亮点。考核结果应引导、激励学生学习行为，让学生正确认识自己，使之自我改进、自我提高与完善，从而得到全面、系统的发展。同时，通过对考核结果分析，教师能及时了解学生对课程的掌握情况，及时调整教学方法或教学进度，确保教学质量的提高。

（二）课程考核评价

1. 课程考核评价方式多元化

考核应该从课程开始到课程结束实行全过程考核，对学生的评价应该包括学生参与课堂教学情况、社会实践的反馈、家庭作业完成情况、实验与科研项目中表现出来的调研能力以及平时课堂小组讨论的参与程度等多方面。课程的考核方式可根据不同专业、不同课程、不同教学内容来确定，可以采用笔试、口试、答辩、论文、实际操作能力考核等形式或者多种形式联合。不同专业与课程的考核标准应有不同。考核评价可采用分次累积的方法，各方面内容按照比例综合评价，避免单一指标。对学生的评价应该多元化，考核过程中各项的比例应比较平均，考试成绩比例不应占大比重，以督促学生在整个学习过程中努力学习，而不是靠期末考试最后两三天的死记硬背来获取好成绩。

2. 评价过程公平化

为了确保考试的公正与公平，可以实行同一个教研组教师共同流水评卷、校内评卷与校外评卷相结合的方法，以保证试卷评定的公平性。这种制度对各大高校维护较高的教学水平，保持良好的考风和学风，推动校际交流都有促进作用。同时，可以考虑在考核过程中适当增加学生之间互评成绩的比例，以尽可能减少课程任课教师的评价主观任意性。

3. 考核评价信息公开化

学生的成长与改变有一个过程，在这个过程中教师的指导不可或缺。考试结束后，教师要评定成绩等级时，可与学生共同讨论，指出学生考试成功与失败的原因，并给予一定的辅导。若在讨论中发现学生对问题是理解的，只是卷面上表达不好而影响成绩，应该可以酌情修改考核评价。这种做法有助于学生的健康成长，可以让学生看到教师是认真地考评，而不是机械给分。并且这种反馈方式可以让教师在与学生讨论过程中，了解到教学上的一些不足，以便改进。为了培养出适应社会需求的具有一定交流能力、问题解决能力和批判性思考能力的应用型人才，我们需要对传统的考核方式进行一定改革。教学改革离不开教师的努力，学校应积极地采取措施鼓励和支持教师的改革尝试，在实践中不断地摸索出培养合格的应用型人才的教学新模式。

（三）细胞生物学课程考核体系优化

考试内容和考试方式对教师和学生具有指挥棒的作用。考什么、怎样考将直接影响到教师教什么、怎样教，学生学什么、怎样学的问题。这主要源于考试的两个基本功能，一是检验教师的教学效果和学生的学习效果；二是对后一阶段如何改进教师教学和学生学习的方式方法起到反馈作用。

1. 建立细胞生物学试题库，改革考试命题方法

根据细胞生物学教学大纲，我们经过反复讨论，编制了细胞生物学试题，另外，也向学生征集试题，从中筛选好的题型，作为考试试题，以此督促学生对所学内容系统地复习。试题的内容既包括基本知识、基本概念，又涉及主观发挥题和部分考研热点试题。实践证明，该试题库结构合理，知识覆盖面大，理论联系实际，对于改变死记硬背和克服考试作弊起到了重要作用。

2. 考核形式改革，促进学生全面提高

课程考核贯穿于整个课程的学习过程中。课程成绩包括考试成绩（50%）、实验成绩（30%）、平时成绩（20%）。实验考核包括两部分：

（1）平时考核。根据学生平时预习、操作、实验结果、实验态度和实验报告情况，给每位学生打一个成绩，待全部实验结束时，给出一个平时成绩，占实验考核总成绩 80%。

（2）实验技能考试。实验课结束后进行一次综合实验技能随堂考试，根据其操作情况当场给出成绩，该成绩以 20% 计入实验考核总成绩中。

平时成绩包括上课考勤、预习、提问、作业、课程论文等情况。

实践证明，该考核办法能客观实际地综合反映学生对该课程的学习情况，改变了过去仅由一次考试决定命运，有的同学平时不认真学习，考前临时突击，甚至靠作弊也能蒙混过关的现象。

3. 尝试开卷考试形式，避免学生死记硬背

传统的闭卷考试，常采用名词解释、填空、选择、问答等命题形式，侧重考查学生的识记能力，学生花大量时间去回忆识记性的东西，实践证明这种考法没有太大的实际意义，尤其是学生运用知识分析和解决问题的能力得不到锻炼，创造性思维能力得不到培养。分子细胞生物学课程采用开卷考试，试题都是综合性的分析题，学生在考场可以查阅资料，综合运用所学知识回答问题。如针对在 RNA 水平上调控基因表达这一内容，考试题是：研究者们发现玉米籽粒中蛋白质X富含赖氨酸，而蛋白质X合成过程中的限速酶是蛋白质Y。为了提高玉米的营养价值，研究者们分离克隆了蛋白质Y基因，并将该基因与一个组成型启动子连接，希望通过转基因技术使玉米中蛋白质Y的表达量提高，从而可以提高籽粒中蛋白质X的含量。但事与愿违，转基因玉米籽粒中的蛋白质X含量比对照（野生型）还要低。分析其中的原因，并设计可以证明你的分析的实验。回答这一问题，学生必须理解本课程涉及的RNA干扰技术的基本原理，并掌握生物化学课程中关于酶的基本知识和关于核酸的基本分析操作技术。这类综合分析试题重点考查学生综合运用知识分析和解决问题的能力，而不是死记硬背的能力。这种考核方法也让学生平时把注意力放到跟着教师的讲解思考问题上，而不是花大量工夫记笔记。这种试卷教师要花大量的时间设计考题，要考虑到学科知识点的综合性，考虑学生能否解决考题的问题。

因为，考题没有固定答案，教师阅卷也麻烦，但有利于学生能力的培养。从这个角度讲，我们认为在教学上多花费时间和精力是值得的。研究与探索细胞生物学课程教学体系，能使细胞生物学教师对细胞生物学课程的教学内容、教学方法和手段、课程考核方法等改革有一定的认识。目前，优化改革后新教学体系已在生物工程专业的细胞生物学教学中应用。今后，我们将在教学实践中对该教学体系不断改进，充实完善，促进细胞生物学教学质量的提高，以及学生综合素质的提高。

第四章 教学模式拓展

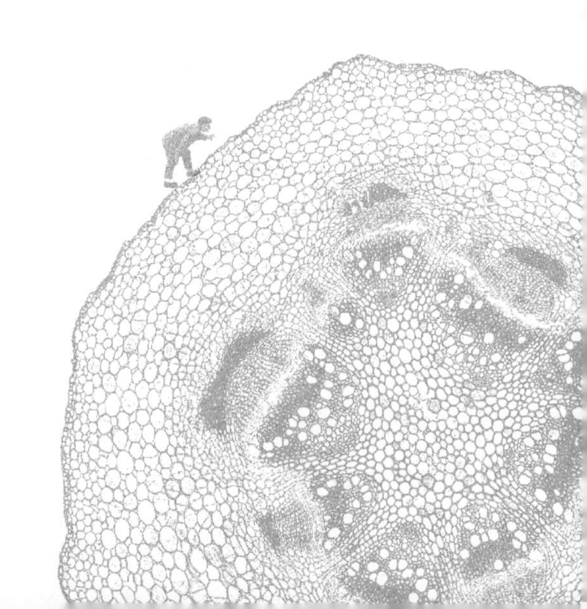

第一节　O2O 教育

O2O（Online to Offline）教育是一种将线上和线下教育资源与服务进行深度融合的教育模式。其以资源的高度整合、便捷的学习体验、良好的互动性等优点而受到广泛推崇。

生物学相关学科通常是理论性与实验性兼具的学科，常涉及众多复杂且难以理解的概念原理等，而 O2O 的教学模式以其丰富的知识形式可以更好地呈现知识的细节，尤其是线上与线下的完美结合，可为学生提供个性化的教学服务，提高学生的实践能力和创新思维。

一、线上线下的分工与协作

互联网线上教育与传统线下教育机构的合作并非轻而易举就能实现的，这其实是互联网教育在某一发展阶段所必然要经历的一个过程。互联网教育机构提供流量，而线下教育机构则负责付费用户的转化，这就是二者在这场合作中的分工。

以万学教育与百度传课的合作为例。作为公务员考试和研究生考试的领军企业之一，万学教育在线下教育市场上历经多年磨炼，已拥有稳定的学生来源与口碑传播，它最大的优势是拥有丰富的线下教育资源。而作为我国互联网流量的主要入口之一的百度传课，其优势在于庞大的互联网流量，也更加注重线上向线下教育场景的开拓，在这样的基础上，双方一拍即合。

互联网教育与线下教育机构的合作最初并非是为了强强联合，而是二者在提升教育市场份额上都遇到了阻碍。互联网教育机构虽各有各的做法，但大多数还是要凭借流量来吸引用户，通过风险投资来尽量扩大用户群体，但一直未能找到可持续的变现模式。而在国内教育市场中，单就变现方面来说，线下教育机构已拥有极为可靠的商业模式可供借鉴。

自互联网教育诞生后，线下教育机构逐渐进入衰退期，有很多线下机构被互联网公司所颠覆，其时刻忧心着互联网教育对自身业务的冲击，而且场地、人力和线下推广成本逐渐增多，此时只有依靠互联网低廉的线上推广成本和场地成本，才能够将这一部分的盈利挤出来。

2015 年，发展线下培训的同济教育以 1000 万元入股线上教育平台中人教育。在入股以前，同济教育的主要业务是为线下工程经济类人士提供考前培训，虽已在线下培训发展了十年，但直至2015年，其业务范围仍主要集中于湖南。此时，中人教育正处在传统图书出版发行向在线教育平台过渡的转型期。

同济教育看好中人教育已经搭建好的在线教育平台和内容研发的经验。在长时间的线下培训中，同济教育认识到线下培训受到空间和时间的制约，一个固定区域内的教师不能够满足学员的学习需求，而凭借线上教育培训则可快速解决此类问题。

与万学教育和百度传课类似，同济教育负责线下的课程教授和运营，中人教育则主要负责线上的传播和课后的辅导。

在O2O教育发展过程中，线下培训机构更为主动，除新东方等大型培训机构主动向互联网教育转型以外，大多数的线下教育培训机构则出于互联网技术快速发展的考虑，选择和互联网教育公司进行合作。

二、O2O教育模式的发展优势

（一）弥补线上教学互动短板，缩短学生接受知识的时间

在线上教学结束以后，线下教学可以线上教学收集的教师和学生的数据为依据，指导下一步的教学。这就克服了纯粹的线上或线下教学的弊端，不仅继承了传统教学中师生无缝交流的优点，并且O2O教育手段还弥补了互联网教育缺少的教师与学生互动的环节，为其提供了基于线上教育的沟通手段。在线上教育中不能获得满足的沟通需求，教师可在线下教学中获得。

随着大数据技术对O2O教育的支撑，线上线下的教学手段必然会得到进一步的融合，同时将会有更多的互联网教育公司在自身擅长的领域内找到相应的线下机构，并把学生学习知识的时间缩减到历史的一个最低点。

（二）以“微课+O2O”改变传统的单一教学方式

随着互联网教育在课堂教学方面的发展，传统的课程录制方式也出现了极大的变化，过去教师在课前准备好教案和课件就几乎完成了教学的一多半工作，而如今以短视频和微课为代表的互联网课程开始大规模进入课堂，原本单一、死板的课堂教学变得生动活泼，同时教学中复杂的课程变得简单化，抽象的课程变得具体化。

“微课+O2O”的教学方式在北京、上海等发达城市得到了推广，在河南、

山东等教育大省也逐渐得到应用。例如，山东省济宁市明德小学依托“幸福白石”公众号，运用“O2O+微课”和教育相结合的模式，利用周四“文苑新芽”挑选学校中学生的优秀作文发表在这个公众号上，利用周五“优质微课”根据教学进度把备课方案、重点讲义和重难点问题解析等发表到公众号上。这种模式既调动了学生学习的主动性和积极性，也真正做到了“停课不停学”。

（三）推动教育云服务与线下服务的结合

随着“云端教育”概念的普及，教育机构和学校已不必租用或建立机房，家长和学生也可通过空中课堂等途径进行课后的查漏补缺，愈来愈多的教育行为通过互联网联机进行远程主机服务，基于云的教育服务和教育云服务已成为互联网教育公司的常规形式。

通过在电视、电脑、移动设备和数字教材等现代化教学设备上下载图片、文字和视频等学习内容，设计出工作体验式教学模式，向线上用户导流沉浸体验，培养线上用户到线下去感受工作体验式学习，实现了线上和线下业务的深度融合，并彻底改变了传统学习套路，使得学习者能够真正体验到在互联网时代学习的乐趣，互联网教育O2O的教学宗旨得以完美实现。

互联网教育和O2O模式结合的关键是互联网教育而不是O2O，怎样建设一个良性发展的互联网教育生态圈才是问题的关键。O2O在过去一年中为许多的互联网教育机构提供了优势共享和动态发展的机会，但是在建设线上与线下教育的架构中，传统的教育机构仍未理清思路，以BAT为代表的互联网教育公司也并未彻底开发出互联网教育+O2O的真正价值。

简而言之，在互联网教育+O2O的模式中，O2O并未形成新的教育价值。与互联网教育对传统教育的变革不同，O2O只是将原本的线下教育中介转移到了线上。在O2O教育模式产生以前，在小学、中学乃至高校的校园中存在着众多的线下中介和电话中介，衍生出了在家里分批分期补课和大量租借场地集中补课的服务。在O2O模式产生以后，学生和家长确实可通过网上的课程试听与用户评价来选择教师，但此中介模式只是教育从线上转到线下的一个环节，无法从根源上改变用户获取知识的方式。

百度公司董事长李彦宏认为：“今天的O2O依然是技术含量相对缺乏的一个市场，几乎都是‘我发红包’‘我砸钱’，非常同质化。但实际上，不管是互联网公司对传统产业的改造和合作，还是互联网公司的自身发展，技术才是更持久的竞争力。”

成熟的互联网教育O2O，应当是集资金、信息和服务于一体，依赖互联网的有效连接，以较为低廉的成本撮合学习者与教师间的教育需求，凭借优质的服务使此种方式变成互联网教育O2O的主流，从而形成市场垄断。

而当前我国的各种教育O2O只是在炒作概念的伪命题，无论是在线辅导、习题库或是家校互动，这些功能均尚未形成清晰的商业模式，也未涉及互联网教育的核心优势。但与餐饮、医疗等行业的O2O不同，互联网教育O2O的发展需要一个更加漫长的过程，而大部分互联网教育公司还不具有打持久消耗战的条件，因此这个市场只能属于那些资金链完善的大公司，也许到了那个时候，互联网教育O2O才能成为一个真命题。

第二节　慕课

慕课（MOOC）即大规模开放在线课程，是“互联网+教育”的产物，也是最近几年新产生的一种在线课程开发模式。

一、慕课起源

2017年6月，Coursera宣布获取6400万美元的D轮融资估值达到8亿美元，这对于其所代表的慕课来说，无疑是一个大事件。

曾经慕课被称作是可颠覆高等教育的一种手段，然而近些年，随着更多互联网线上教育形式的出现，慕课反而表现得有点沉寂。

慕课在市场上沉寂的近两年时间，对应的是慕课用户市场发展日趋稳定的两年。慕课的谷歌趋势显示，在这两年时间内，慕课的搜索热度在对应区间里的波动不大，已趋于平稳；从慕课用户数据方面来看，2016年Coursera增加600万新用户，和2015年的涨幅基本一致，用户的规模已达2300万，另一家具有代表性的教育平台edX的用户数据也在400万左右。

那么，在2012～2017年中，慕课究竟发生了什么呢？

2012年是慕课之年，这种在网络基础上，针对广大群众的大规模开放在线课程在这一年里呈现出井喷式的发展。

在慕课平台既可获取免费的优质教育资源，还可获得完整的学习体验。优质教育通过利用网络技术和信息技术的慕课平台传送至全球各个地区，故而又被称为教育史上的“一次教育风暴”。慕课虽兴起不过一两年的短暂时光，但在此前十几年中，MOOC 于开放教育资源运动中产生，于连通主义学习理念下兴起，于行为主义学习理念下繁荣，也算得上是互联网教育领域中的老前辈了。

（一）在开放教育资源运动中萌芽

开放教育资源最初兴起于 1989 年美国凤凰城大学推出的在线学位计划，首批的在线工商管理硕士学位（MBA 学位）于 1991 年授予；1994 年，美国宾夕法尼亚大学的詹姆斯·唐奈设置了一门在线研讨课；2000 年，英国政府资助英国环球网络大学 5000 万英镑来推行在线高等教育，象征着开放教育资源已上升到国家层面；2001 年，麻省理工学院（MIT）实施开放式课件（OCW）计划，把学校开设课程的全部课件和资料上传到网上，免费提供给世界各地区的学习者；2002 年，开放教育资源由联合国教科文组织提出，目的是通过信息通信技术向学习者和教育者提供基于非商业用途并且可被免费查阅、参考和应用的各种教育类资源；2005 年，各大开放课件联盟陆续成立，其中包含开放课件联盟、中国开放课件联盟、西班牙语高校开放课程联盟、韩国开放课程联盟、非洲网络大学和日本开放课件联盟等。

伴随着开放教育资源运动的持续深入开展，例如“世界是平的、世界是开放的”“知识公益，免费共享”“开放课程协助提升全世界每个角落的高等教育”等理念正在逐渐得到广泛认可。经过统计，直至 2018 年初，世界上已经有 250 多所教育机构和高校免费开放了 14000 多门课程。

（二）在连通主义学习理念下兴起

2005 年，由加拿大曼尼托巴大学的乔治·西蒙斯最早提出了连通主义学习理念。他主张在网络时代，传统的分类、静态和层级化的知识已经变成网络化、动态的知识流。与之相对应，学习也变成了在动态连接的知识网络中形成知识节点的过程。随后不久，加拿大斯蒂芬·道恩斯也提出应当把连通性知识当作连通主义的认识论基础，他认为连通性知识拥有自治性、多样性、开放性和交互性四个特征。2008 年，这两人在曼尼托巴大学联合设置了“连通主义与连通性知识”课程（简称为 CCK08）。这一课程通过 Forums、 Wiki Pages、Facebook Groups 和其他在线平台的综合运用，吸引了两千多名学生参与到课程学习中来，其中有

25 名为曼尼托巴大学的在校生，有 170 人为此课程专门开通了博客。

针对 CCK08 课程，加拿大国家通识教育技术应用研究院的布莱恩·亚历山大（Bryan Alexander）和加拿大爱德华王子岛大学的戴夫·科米尔（Dave Cormier）创造了 MOOC 这一术语，这也是慕课的概念首次出现在公众和学术界的视野中。

Bryan Alexander 和 Dave Cormier 认为，慕课是课程资源和参与者均分散在网络上的一种课程，此学习形式仅在课程上是开放的，且当参与者人数达到一定规模的情况下才能更加有效。慕课既聚集了学习资源和学习者，还创造了一种通过某一领域的讨论或共同的话题将学习者与教师连接起来的方式。

慕课的概念给传统高等教育带来了严峻的挑战，但当时，广大教师和学生群体依然很难接受这种提倡课程高度自组织和学习者高度自治的教学模式，所以在 2005 年左右，慕课依旧作为一种比较小众的互联网教育模式而存在。

（三）在行为主义学习理念下繁荣

20 世纪以来，在巴甫洛夫、桑代克、赫尔、华生、托尔曼、格思里和斯金纳等心理学家的研究下，行为主义学习理论不断被完善。

在连通主义学习理念基础上创建的 cMOOC 前途未卜之时，在传统行为主义学习理念基础上形成的 xMOOC 推动了新一轮慕课的繁荣发展，其利用自身系统化的学习平台和结构化的课程体系将传统高等教育体制理念和全新教学组织模式有机结合起来。

2011 年秋，在萨尔曼·可汗建设的面向 K12 学生免费提供网络课程的可汗学院的影响下，斯坦福大学的彼得·诺维格与巴斯蒂安·图伦共同设置人工智能课程，这门课程备受广大教师和学生的欢迎，这直接推动了迈克·索科尔斯基和大卫·史蒂文斯等人联合创设旨在营利的在线课程供应平台 Udacity（在线大学）。

2011 年底，MIT 开展实施在线开源学习项目 MITx，MITx 通过新的交互式学习平台使学习者出席模拟实验室，可与教师和其他学习者进行互动，学习者可通过完成学业来获取正式证书。

2012 年秋，麻省理工学院和哈佛大学合作，在 MITx 的基础上开设了 edX 平台，此平台通过免费和开放的形式向广大群众提供优质在线课程。随后，更多在线学习平台纷纷建立，包含斯坦福大学的开源网上教学平台 Class2Go、斯坦福大学达芙妮·科勒和吴恩达创办的 Coursera、专攻在线自学程序设计的 Codecademy、提供在线学士、硕士学位的 University Now 和主张“人人可授课、人人能学习”的 Udemy 等。

2013 年，Open2Study 由澳大利亚开放大学发起，FutureLearn 由英国开放大学联合 20 所高校共同创办，iversity 在德国成立，Veduca 在巴西成立，Schoo 在日本成立等。慕课在知识和网络的碰撞中繁荣发展。

2016 年，世界范围内的慕课平台上总计有 2600 门新课程上线，课程总数已达 6850 门，课程来源超过 700 所高校。American Interest 杂志预测在“未来 50 年内，美国 4500 所大学，将会消失一半”。

时至 2023 年，全球慕课市场规模已达到 980 亿元。其中我国慕课市场规模约达 200 亿元，上线超 7.68 万门课程，注册用户达 4.5 亿。回想慕课这些年的发展，虽然其发展的程度还无法达到其所谓的“平民化”，但在教育模式等方面，已经表现出了巨大的优势。

二、慕课教育模式的核心优势

主要从以下四个方面来论述慕课的核心优势所在。

（一）大规模

1. 学生参与规模大

2016 年，总共有 2300 万新用户首次在慕课平台上注册上课，其中四分之一的用户是通过区域性慕课平台报名的。在过去一年中，世界范围内共计有 5800 万用户在慕课平台上进行相关课程。从各大 MOOC 平台的注册人数来看，Udacity 拥有 400 万用户，FutureLearn 拥有 500 万用户，学堂在线有 600 万用户，edX 有 1000 万用户，Coursera 有 2300 万用户。

2. 高校参与规模大

每年公布的世界大学学术排行榜上排名前 5 的高校均是与 Coursera 合作的对象。到 2017 年 1 月为止，国际上总共有 150 多所机构和高校加盟 Coursera 平台，分别来自二十多个国家与地区。总共有 28 所世界顶尖高校加盟 edX 平台，其中包含 7 所亚洲高校：北京大学、清华大学、香港大学、香港科技大学、印度理工学院、韩国首尔国立大学、日本京都大学等。随着更多人接受慕课理念，未来将会有更多高校加入到在线教育平台。

3. 教师团队规模大

以 MITx 的“电路与电子学”为例，这是电机工程与计算机科学系学生的一门基础课程，共有 21 位教师参与，其中包含 4 名指导教授（主要负责讲座、实验室、家庭作业和辅导）、5 名助教、3 名实验室助理和 9 名开发人员。

教师团队既要负责制作精美的课件和视频传送至网络上，还要及时解答学生的疑问，组织其在学习社区中进行有效互动交流，引导学生顺利完成教学任务和教学目标，这些事情若是仅靠个人之力，那还真是心有余而力不足。

4. 课程投资规模大

2015 年，Udacity 完成 1.05 亿美元的 D 轮融资，估值达到 10 亿美元；Coursera 在 2017 年完成 6400 万美元的 D 轮融资，估值达到 8 亿美元；而其他的公司，如 2tor 也累计获得 9700 万美元的融资。如此庞大金额的融资使慕课公司能够支撑更多优秀教师在网络平台上进行工作。经调查显示，教授们需耗费近百小时进行课程的准备，其中包括教学素材的精心准备、讲座视频的拍摄、教学活动和教学环节的设计等，课程开放以后，教授们还要参与在线学习社区的答疑和讨论等活动，每周需花费 8 ~ 10h，而大量的工作均需要资金的支持。

5. 可供选择的网络课程的规模大

据 ClassCentral 的数据显示，到 2016 年为止，全球的慕课平台上总共有 2600 门新课程上线，课程总数量已经达到 6850 门，课程来源超过 700 所高校，课程涉及教育、人文、生命科学、健康与社会、信息技术、商业及管理、自然科学、经济与金融等方面。

就拿 edX 来说，其提供了包含历史、法律、商业、科学、工程、计算机科学、社会科学、人工智能和公共卫生等领域的 60 门在线课程。

慕课不仅拥有覆盖广泛领域的知识、种类繁多的课程，而且随着慕课的不断国际化，授课的语言也趋向多元化。如今，Coursera 平台提供的除了英语课程以外，还包含中文、法语、德语、西班牙语、意大利语和阿拉伯语课程。

（二）开放

1. 开放反映在学习对象上

慕课面向所有人，是真正意义上的“有教无类”。传统教育所面向的对象是受到入学门槛限制的，在年龄、种族、地域、文化、语言、资本和收入等方面存在差异的人们受到教育的可能性是不同的，但是在开放网络时代，人们学习将不再受此困扰。

2. 开放反映在教学和学习形式上

杰出计算机科学家吴恩达的一名前同事在 Coursera 上开设了一门课，通过在线来解答学生的疑问。有一次他起身去倒咖啡，想着等回来再回答学生的问题，但就是这短短的 1min，已有来自世界各地的学生为这名提问者解答了问题，并且已经讨论得如火如荼了。实际上，由于慕课平台的开放性，几乎在每门在线开放课程中，学生之间、师生之间都展开过极其热烈而充分的互动讨论。并且，Facebook、YouTube、Wiki、Google、微博以及其他社会软件和云服务都推动了慕课的讨论、创建与分享视频以及其他所有的活动参与，都充分体现了课程教学和学习的开放、互动。

3. 开放反映在教学质量的提升上

在网络平台上授课的教师们面对着来自专家、同行与批判者的检阅，上传的在线课程事关学校和个人的声誉，不容轻视。

在慕课上进行网络授课时，既要面对学习者的提问与互动，还要面对专家和同行们的检阅。因慕课课程的教师基本上都就职于世界知名高校，所以在授课时会更加严谨，教师需认真设计网络授课的讲稿，以便应对其他用户对授课内容的质疑。

在慕课的课程结束以后，学生们会以投票等方式来评价课程的质量，注册数、曝光率和能见度都成了课程质量的试金石，并反向推动着课程质量的提高和改进。

（三）在线

在线作为互联网教育的共性之一，用户可随时进行学习，并且价格要远远低于传统的课堂教育。

学生可根据自身的节奏学习，学习情况可及时获得反馈。这与以往的远程开放课程、网络课程等形成了突出的对比，过去的课程，例如教育部的国家精品课程等资源都属于单向提供的教育资源，难以实现面对面的教育效果。

在国家与互联网教育机构的支持下，可实现在线双向交互，师生之间、老师们之间、学生们之间均可进行全天候、7×24 的在线学习和交流互动。因微信、微博、QQ 等社交网络的兴起，在现实生活中互相不熟悉或不认识的学生们可选择多种方式和网上的熟人创建多个长期学习小组，利用社交化的学习手段增强学习效率。

通过对世界各地慕课学习者的数据记录与分析，慕课平台可发现学习者对于不同知识点的反应，逐步解决以往困扰心理学、行为科学和认知科学的教与学的规律问题，通过深入研究教育规律来增强学生的学习效率和质量。

（四）课程

慕课的课程也许是其与别的互联网教育最大的不同之处，其更侧重“翻转课堂”的概念。与传统课堂按时上下课的学习安排不同，慕课把师生在课上、课下的时间重新进行了规划与设计。

在慕课中，课上以学生为中心，不再以教师为主体，来完成项目导向的学习任务，提出并解决问题，课下也不再以学生完成作业为主，而是换为在线教师预留的教学内容，并与教师、同学进行互动交流。

当然，翻转课堂的实现也需要参与慕课的师生具有如下几点条件：一是教学内容比较简单，学生可通过在线学习自主完成；二是利用技术手段掌握学生登录和下载资料、观看视频的时间；三是布置作业，以学生完成作业为标准，当然问题建议以劣构问题为主，即需要学生思考和总结才能完成，并非通过上网搜索就能直接得到答案。

慕课提倡学习方式的众包交互。互联网教育的交互方式最初是异时异步的函授教学，以早期的录像学习为代表。随后发展为同时不同步的互联网教学，以当时的网络大班授课为代表。而现在慕课已发展到同时同步且可进行即时互动的学习方式。

目前，人们已经能够在互联网上传输携带复杂互动元素的课程视频，而研究者可趁机收集数据来分析学生的学习习惯，改进课程和互动方式，使得教学变得更加有效。例如，观看视频时，应注意学生在哪个地方停留时间长，在哪个知识点上出错最多，以便下次讲课的时候改进。利用这样不断追踪数百万学生在线学习过程，持续收集计算机查阅作业的结果，从而探讨人类怎样学习，实现个体化定制课程，这本来就是个“机器学习”的过程。

其实这里也有一个问题，就是由学生互评人文科学的作业可能会出现一些问题。在 Coursera 平台的人文科学作业中，学生根据定好的标准给其他 5 份作业打分，自己的作业也会收到 5 份评价，此种方式会强化学生之间的互动交流，但是也会导致作业评价结果的资源浪费，对自身发展和提高一点促进作用都没有。

总体来说，慕课已展示了它在互联网大规模教育中的诸多优势，而在具体操作过程中，仍有待发展和改进。

第三节 混合式学习

何克抗教授是第一个将混合式学习（Blending Learning B-Learning 或 Blended Learning）引入中国的学者，他认为混合式学习是指将传统学习方式的优势与 E-Learning（即网络化或数字化学习）的优势相结合的教学方式。换句话说，就是不仅要充分发挥教师启发、引导、监控课堂教学的主导作用，还要表现出学生身为学习过程主体的积极性、主动性和创造性。

上海师范大学的黎加厚教授在其博客中曾提出，混合式学习就是指对全部教学要素进行优化选择与组合，以实现教学的目标。师生在教学活动中，将各种教学模式、策略、方法、技术和媒体等根据教学的需要熟练应用，达到一种艺术的境界。

李克东教授则指出，混合式学习是人们对网络学习反思之后，出现在教育领域特别是教育技术领域中一个比较流行的术语，它的主要思想是将在线学习和面对面教学两种学习模式有机整合起来，以实现降低成本、增加效益的一种教学方式。

从上述定义中，我们不难发现，因对混合式学习研究的趋向和背景不同，对其定义的理解也会有所差异。简而言之，混合式学习的核心就是对特定的学生和内容，采用适合学生学习和教学内容传输的技术手段来呈现和传输，在这一过程中采用恰当的教学和学习方式。虽然与混合式学习相关的理论最初是在企业界的 E-Learning 研究中得到扩展的，但其对学校教学也一样适用，可用来指导我们目前的研究、教育的信息化以及教学的改革。

本书中，混合式学习是指最广泛意义上的将面授教学和网络化或数字化自主学习结合起来的教学方式，不仅要发挥教师启发、引导和监管教学过程的主导作用，还要充分发挥作为学习过程主体的学生们的积极性、主动性和创造性。

一、混合式学习的内涵

关于混合式学习的内涵，学界有多种说法。总体而言，混合式学习的深层内涵包含基于不同教学理论（如认知主义、行为主义和建构主义等）的多种教学模式的混合，不同教学媒体的混合，学生主体参与和教师主导活动的混合，在线学习和课堂教学不同学习环境的混合，课堂讲授与虚拟社区或虚拟教师的混合等。

结合上文中各专家学者对混合式学习的定义以及相关的文献和资料，我们可归纳出混合式学习的一些内涵，具体包括：混合式学习是一种观念或思想，是解决教学问题的一种策略，其包含多个层次等。

（一）混合式学习是一种观念或思想

自 20 世纪 90 年代末以来，E-Learning 在教育领域获得了应用和快速发展，进而促进了教育的改革和创新，并形成了很多新的教育理念和教育思想。人们在运用 E-Learning 的过程中慢慢意识到，不同的问题需采取不同的方案去解决，因此混合式学习作为一种教育思想开始出现在人们的视野中。

赵建华、李克东认为，混合式学习的中心思想是依据不同问题和要求，运用不同方式来解决问题，在教学上就是运用不同的媒体和信息传递方式来教学，而且此种解决问题的方式所要支付的代价最小，而获取的效益却最大。此种思想拥有坚实的、重要的理论依据：认知主义学习理论提倡智能的发展，利用媒体激发学生的思维来教会学生自主学习；行为主义学习理论提倡通过使用媒体提供丰富的感性材料来传授知识；建构主义重视学习中具体的非结构的方面。除了上述这些理论外，梅里尔提倡的“首要教学原理”也为混合式学习思想提供了理论支持。“首要教学原理”是指只有学习者担负合适的任务，并清楚如何做的时候，有效的学习才会形成混合式学习，就像 Reed 和 Singh 所说的那样，混合式学习必然是有效的。

（二）混合式学习是一种解决教学问题的策略

混合式学习可看作一种在网络环境基础上发展起来的、解决问题的新的教学策略。此种教学策略一般以虚拟的学习环境为基础，通过基于计算机的标准化学习系统为在线学习提供支持。基于多年的实践，该模式有助于扩大学生的知识面和培养学生的自学能力。然而，混合式学习的教学策略并非是万能的，运用时还需注意如下几点：

第一，与使用专用网络教学平台相比，教师在实行混合式学习的教学策略时，除为学生提供课程内容外的网络学习方法支持、计算机技术支持、情感支持以外，还需要在使用免费网络服务进行教学时注重引导学生进行情绪管理和时间管理，克服网络休闲娱乐活动的诱惑。

第二，要增强和学生的交流互动，针对学生反馈的具体情况调整教学行为，仔细推敲提供给学生们的各种教学资源，避免理解上的差异与要求模糊的情况。

第三，其只是一种教学策略，无法用它来取代教师独自完成教学活动，也绝不能让此教学策略变相变成向学生灌输知识的新手段。

第四，要处理好学生为主体和教师为主导的关系，有效发挥各种教学方式的优势，促使师生双边活动能够顺利进行，更好地提升教学的质量。

（三）混合式学习包括多个层次

混合式学习包括宏观、中观和微观三个层次。从宏观层面来看，混合式学习是在线学习和离线学习、实时协作学习和自定步调学习、结构化学习和非结构化学习的混合。从中观层面来看，混合式学习是多种学习模式（方式）的混合，这些学习模式可以是具有代表性的网络探究式学习、计算机辅助教学、自我导向式学习、基于问题的学习、游戏化学习、研究性学习和基于资源的学习等的混合。而从微观层面来看，混合式学习指的是教学各个要素中组成教学系统的教学材料、教学媒体、传输介质、教学资源、学习环境和学生支持服务等的混合使用。

总体而言，混合式学习是各种学习内容、学习方法、学习模式、学习媒体以及学习环境和学生支持服务的混合。

二、混合式学习的发展

混合式学习是一个持续拓展的概念，在传统教学中存在已久。其核心目的是将传统课堂式学习与 E-Learning 的优势结合起来。目前混合式学习已经成了教育技术界极为关注的热点。

（一）混合式学习提出的历史背景

伴随着互联网的普及与 E-Learning 的发展，特别是自国外 E-Learning 实践步入低潮之后，人们对基于网络的课程教学和首代 E-Learning 进行了思考，意识到在首代 E-Learning 中，单一的教学内容传送方式无法为学习者成功的学习、绩效提供足够的选择、参与、接触社会的机会和相关的学习内容。在第二代 E-Learning 中，便出现了各种运用包含多种传输方式的混合式学习模式的尝试与探索。在国际教育界，特别是美国，在概括了近十年的网络教育实践经验以后，2000 年 12 月由美国现代顶尖技术专家和顶尖教育专家起草了《美国教育技术白皮书》，其中指出，“网络教学能很好地实现某些教育目标，但是不能代替传统的课堂教学”；“网络教学不会取代学校教育，但是会极大地改善课堂教学的目的和功能”。此观点被形象生动地描述为“有围墙的大学不能被没有围墙的大学所取代”，也为混合式学习的提出及其在全球的发展打下了基础。从某种程度上来说，混合式学习是对“网络化学习”的扩展和超越。

（二）混合式学习发展过程

混合式学习原本指的是在传统教学中，除运用各种基于教室的学习形式（如书记、会议和实验室等）以外，还与其他多种学习方式相结合，比如使用视听媒体（录音、录像、幻灯投影）的学习方式和使用黑板、粉笔的传统学习方式相结合，协作学习方式和自主学习方式相结合，传统学习方式和计算机辅助学习方式相结合等。

自 21 世纪以后，随着网络的普及与 E-Learning 的发展，基于近十年网络教育实践经验，国际教育技术界在 B-Learning 原有内涵的基础上赋予其一种全新的含义。即将传统学习方式的优势与 E-Learning 的优势相结合；不仅要发挥教师的主导作用，又要充分反映学生的积极性、主动性和创造性。由此可见，混合式学习是集网络学习的优点和传统课堂教学的优点为一体的一种学习方式。运用混合式学习思想组织学生的学习活动，不仅有助于学生系统理解基本知识、基本规律和基本概念，也有助于培养学生分析和解决问题的能力，以及实践能力和创新精神。

在中国，2003 年 12 月，何克抗在全球华人计算机教育应用第七届大会上首次正式提出混合式学习的概念。他认为混合式学习是以后教育技术发展的趋势，是国际教育技术界对于教学观念和教育思想的大转变和大提高，这些思想实质上是一种螺旋式的上升，是当代教育理论的回归。

伴随着混合式学习研究的深入，人们还融入了研究性学习、自主学习和协作学习的精髓，进一步提倡线上、线下合作学习的综合利用，最终形成了混合式协作学习。这种协作学习指的是合理选择和综合使用各种学习资源、学习理论、学习策略和学习环境中的一切有利因素，促使学习者形成学习共同体，并在网络虚拟时空和现实时空的小组活动整合、操作交互、社会交互和自我反思交互中，进行协同认知，培养互助情感和协作技能，以推动学习绩效最优化的理论和实践。由此，混合式学习又向前迈进了一步。

（三）混合式学习发展的研究现状

B-Learning自存在以来始终是教育培训界和技术界的重点研究对象之一。汤姆逊公司作为世界上最大的企业职业学习方案提供商之一，对混合式学习效果展开了相关研究，做出了一份关于"汤姆逊工作绩效影响因素研究"的报告。此项研究结果显示，良好的混合式学习培训方案可以带来更好的生产效率和工作效率。这是继"混合式学习比单一的知识传授更有效"以后的又一项新的研究结论。IBM公司、Josh Bersin和NETg公司对混合式学习也有研究和运用，并获取了一定成果。我国以非学历为主的教育培训机构近些年来开始逐渐使用混合式学习方式，例如中国人民大学工商管理网络研修班、北京新财富英语培训学校、深圳COM-COM英语、华尔街英语等很多IT培训机构在使用混合式学习方式。

对于B-Learning的研究与应用，更多的还是集中在国内外高校教育方面，例如在2001年12月，佛罗里达大学就开始使用混合式学习方式进行在职药剂学博士课程的教学和主管级工商管理硕士班的教学。B-Learning的出现为高校教学改革提供了一个全新的方法和思路，其主张将E-Learning的优势与传统学习方式的优势相结合，使二者优势互补，以取得最佳的教学效果和学习成效；其还可促使教师充分运用已有信息技术的价值和作用，改善高校教学课时普遍短缺的情况。总览历史，中国的教育信息化已经历从计算机辅助教学到计算机辅助学习，再到信息技术和课程整合的发展过程，从此过程中能够看出，我们正在积极通过信息技术和计算机技术来弥补传统课堂学习的不足之处，整个过程中一直暗含着混合式学习的思想。

当前，对混合式学习的研究，已经不再拘泥于理论，还包含很多设计和应用等方面的研究。即从混合式学习的概念、本质内涵以及分类等基础理论着手，研究其设计，有学者还给出了混合式学习的设计模型，包含混合式学习中教学分析、活动设计和教学评价等应该怎样设计。对混合式学习开展应用研究，研究内容包含学习内容分析、学习目标分析、学习者特征分析、课程混合式学习活动设计、教学媒体设计以及教学评价等。

信息时代的学习，以发现为主的知识建构，是社会性的互动体验过程，需要学生充分发挥他们的主动性。生物课程将传统教学方式的优势与E-Learning的优势相结合，融入网络自主学习和课堂面授学习的优势，综合运用理论学习与实践体验、小组协作学习与自主学习相结合等多种学习方式，以促使学生获取良好的学习成效。生物课程的混合式学习实践依然停留在初步的探索中，仍有很多地方需要进行深入的研究和探讨。

第五章 教学实践拓展

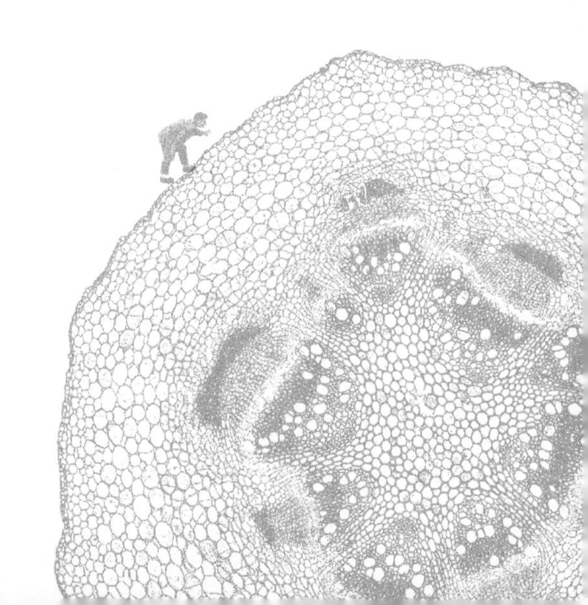

促进教育改革的重要环节就是教学实践的变革。在长期的研究过程中，我们发现伴随着互联网在学校教育中的不断深入运用，由于技术介入所产生的新型课社关系（即课程与社会之间的关系）和新型师生关系（即教师与学生的关系）因受到实践的持续推动而不断产生微小的变化。此外，家长对学校教育的期待和学生个性化发展的需求，也慢慢成为促使新型社会关系产生的重要力量。由此可知，我们所密切关注的信息技术对于教育教学方面的推动，不只是发生在课堂教学中，也发生在学生成长发展的每个时期、每个阶段、每个节点、每个角落。本章将着重对翻转课堂、微课课堂、双主课堂和 BYOD 课堂的教学实践的基本要义、教学模式以及应用中需要注意的问题进行讨论和分析，并对如 3D 打印课堂、Scratch 课堂、电子书包课堂、交互式白板课堂、增强现实（AR）课堂、场馆课堂、Pad 课堂和研学旅行等的其他新型课堂进行系统介绍，以便呈现出更清晰、更完整的应用样式。

第一节　翻转课堂

目前，翻转课堂是采用现代信息技术改革教和学关系的重点，但是它在课程和教学理论领域内并未引发过多的关注。翻转课堂对于课堂教学的改革有着积极的意义，它所具备的先进性用一个字来总结就是“用”。翻转课堂凭借技术的优势，突显了技术运用的“能”“易”“巧”“慧”解决了所有信息化教学模式都必须面对的基本问题。“能”回答了“脱离技术行不行”的问题；“易”回答了“技术能否简化教学”的问题；“巧”回答了“技术如何推动教学”的问题；“慧”回答了“技术效果怎样”的问题。

一、基本要义

翻转课堂最早起源于美国科罗拉多州林地公园高中的两位化学老师的尝试。起因是一些学生因参加活动而耽误了上课，所以教师就用 PPT 的抓屏功能将课程录了下来，上传到网上以供学生们学习。大概连那两位老师都没料到，翻转课堂会渐渐变成美国乃至世界多所学校竞相效仿的教学改革范例。为了更加清晰地认识翻转课堂的基本要义，以美国亚拉巴马州底特律附近的克林顿戴尔高中的教学过程、伊利诺伊州尚佩恩纪念高中微积分教师杰伊·霍珀的教学过程以及弗朗西斯科圣心大教堂学校化学老师拉姆齐·穆塞莱姆的教学过程等为参考，概括了翻转课堂的三个基本环节。其一，问题引导环节。即在学生原有知识经验的基础上，教师先提出一些“热身”性质的问题，并把已经录好的相应教学视频传给学生；其二，观看视频环节。即学生回家之后观看视频，并通过多种方式进行反馈，处理教师之前提出的问题，把不懂的知识点罗列出来。其三，问题解决环节。即教师将学生不懂的知识点和无法自行解决的问题都聚拢起来，在课堂上与学生进行讨论交流，解决这些难点，并鼓励各小组之间通过竞赛等方式积极主动地参与解决。

从知识内化的方面来说，翻转课堂的基本要义是：翻转课堂分解和增加了知识内化的难度和次数，翻转了教学流程，而不能翻转的则正是知识内化的基本原理，也就是人类怎样学习的基本原理。另外，我们还可做出如此推断：在知识内化的过程中，“立刻顺应”与“立刻同化”的这种知识内化过程基本上很少，大部分的知识内化均是通过多次内化循环最终实现掌握知识的目的。

二、教学模式设计

从微观与宏观两方面共同考虑，依据翻转课堂的构成要素和渐进式知识内化的特质，设置了翻转课堂的教学模式，具体如图 5-1 所示。

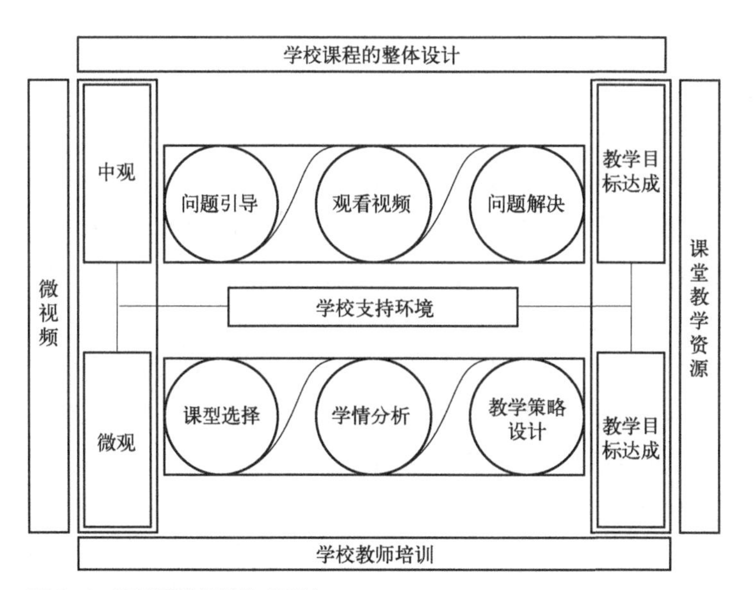

图 5-1 翻转课堂教学模式设计

（一）宏观层面

1. 学校课程的整体设计

翻转课堂的内在特质对学校课程的整体设计提出了要求。学校应借助翻转课堂模式转变教和学的方式，提高课堂教学水平和教学质量，需先对全部的课程进行统一设计，而并非零星或局部的调整。学校课程的整体设计不仅要遵循学校安排课程的一般规则，还需要兼顾其他三个方面。其一，课程安排的互相补充。此种互相补充涉及同一课程内部的互相补充与课程之间的互相补充。并且一天内不能安排太多实施翻转课堂的课程，同一课程在一天内有多次安排的，可安排翻转课堂和巩固课堂、练习课堂等其他课型相互搭配进行。其二，教师承担课程所付出的时间总量。除承担正常的教学任务外，许多教师还需要付出大量的时间在非教学事务上，这些非教学事务可能会严重挤压教师研究翻转课堂的时间，甚至会极大地影响翻转课堂的开展。其三，学生学习课程的时间总量。在一天中学生可集中精力完成作业的时间是十分有限的，若是每个学科的课后任务均是翻转课堂的任务，对于学生而言，课业负担太重，也会降低学习的效果。

2. 微视频

微视频的定义和录制形式对于翻转课堂，都不会有太大的影响，重点在于这些微视频是不是都需要教师自己去制作以及在课堂教学中如何使用微视频。与一节常规教学的录像课相比，微视频的时间比较短，录制形式多样，但录制微视频和掌握录制技术所付出的时间对于教师来说，一样需要耗费许多精力。在录制微视频时，需要考虑教育对象的特征、教学目标、教学过程、知识点性质以及练习作业等。出于这种考虑，我们认为突出教学特色与教学理念的示范性微视频可由教师自己来设计，但对于适合某个学期或某门课程的成系列的微视频可以通过区域共享或学校集体购置的方式完成。

微视频的作用实际概括起来主要有三个：其一，在上课前观看，这其实是学生对知识的一种自主学习；其二，在课堂讨论时使用，如此可在学生学习与理解概念时起到促进思考或及时提示的作用，从而提高课堂的效率；其三，课后安排学习任务或做作业时，可让学生继续观看微视频，以利于学生厘清不懂或混乱的知识。

当然，对于在翻转课堂实施中是否有必要使用微视频，也是一个值得深入研究的问题。在某些科目中采用文本阅读材料、探究工具或动手操作工具，明显能使学生的注意力更集中、适应性更强，教学效果自然也会比使用微视频更显著一些。

3. 课堂教学资源

有了微视频后，并不代表就可以少用或者不用其他的课堂教学资源。正好相反，在使用微视频教学后，课堂中的讨论互动需要有效完成教学目标，所运用的资源不仅要与微视频互相补充，还要有比微视频更加集中的认知聚焦，也就是翻转课堂中的教学资源更集中地指向学生学习的重点、难点或有困惑的地方，而并非像其他的教学资源一样能面面俱到。

4. 学校教师培训

因学科和知识背景的差异，不同学科的教师对于翻转课堂的理解也有所差异。每一门学科的知识点能否有效运用翻转课堂，对于教师在教材上的领悟程度和自身的教学经验来说都是一个严峻的挑战。与一般教师的培训不同，翻转课堂的教师在培训时，更侧重于培养教师对教学模式选择的一种敏感度。此种敏感度最直观的表现就是面对不同知识点、不同学生，传统课堂教学、一般信息技术环境下的课堂教学以及翻转课堂哪种教学效果最好，需要教师有一个精准预设。

5. 学校支撑环境

实施翻转课堂需要学校信息化环境的支撑。这里的学校信息化支撑环境不仅有硬件系统，还有软件系统。硬件系统包含三个方面：其一，教师和学生必须有能够上网的终端或个人计算机（PC）；其二，网络带宽能够确保微视频的稳定运行；其三，服务器必须确保有充足的并发能力和容量。软件系统包含六个方面：其一，微视频发布系统；其二，学生学习的智能诊断系统；其三，交互系统；其四，远程支持和服务系统；其五，管理系统；其六，统计系统。

（二）微观层面

1. 课型选择

课堂教学拥有丰富多样的课型，例如新授课、练习课、复习课、巩固课、探究性学习课和试卷讲评课等。每种课型的重点和难点都有很大的差别，若是一味地全部使用翻转课堂这种教学模式，极有可能会使教师对完成不同课型的教学任务产生迷茫感，使得教师无法准确把握教学的重点和难点，影响教师对教学目标的判断。

2. 学情分析

对于翻转课堂的学情分析，需依靠智能诊断系统，才能够清楚地描述学生在学习过程中对于知识的掌握情况。在进行学情分析时，需要教师准确了解学生是否掌握知识，如此才能更加有针对性地指导学生解决问题。

3. 教学策略设计

除一般的教学设计外，还有几种比较特别的教学策略设计，如课内翻转策略、角色翻转策略以及在现有模式中加强“及时评价”策略等，以供教师在课堂教学中使用。

三、应用中需要注意的问题

翻转课堂凸显了技术应用的特点，将信息技术融入教学的整个过程中，但翻转课堂在教学认识上也有其局限性，重点表现在怎样合理定位自身。若是定位不准，极易产生“错位”“越位”和“失位”等问题。

与传统课堂相比，翻转课堂调动了学生的主动性与积极性，拓展了学生在知识建构过程中的自由空间，使学生敢于在认知冲突中发现新的问题，敢于表达自己的意见与观点，对教师的依赖心理减弱，而创新精神与创新能力显著增强。教师是整个教学过程的引导者和组织者，而不单单局限于课堂教学中。但翻转课堂的流程变革“基因”却很容易造成师生之间关系的“失位”。教师传授的知识，不仅包含显性知识，还将教师个人的隐性知识附着于其中。这些隐性知识大到教师的人格魅力以及教师对问题的思考方式，小至教师的一个微笑、一个动作。然而伴随着翻转课堂的流程变革，这些隐性知识的传输渠道不断被削减，学生在学习中的人文情感参与失去了载体，致使教师主导作用的失位。

与“失位”相比较来说，“越位”也是翻转课堂需面临的重要挑战之一。由于不同学生的知识基础有所差异，优秀学生通过视频学习能够较快掌握新知识，课堂上就会表现得不够专注；基础差的学生通过视频可能会越学越糊涂，导致错误知识先入为主，就算以后进行了纠正，也不能确保就能够彻底解决，不会的可能依旧不会；中等基础水平的学生也会因为基础的不同而产生各种问题。同样的知识，对于拥有不同理解水平的学生来说，难以准确定位认知的临近发展区，长久下去，学生对于知识的理解能力以及主动参与学习的情感都会受到不良影响，甚至还会对学习产生畏惧和厌学情绪，影响学生的身心健康发展。

除此之外，翻转课堂的适用范围也有着一定的限制，并非所有年级的学生和所有学科都适用，极易在教学的过程中出现“错位”。其他国家翻转课堂的案例主要集中在科学、化学和数学等学科，且主要面向高中生，因为高中生的应用信息技术水平以及自主学习能力相对较好，技能较为熟练，况且许多高中的知识都是初中知识的进一步学习或升华，因而科学、化学和数学等科目实施翻转课堂是适宜的。此外，国内在引入翻转课堂时，不可一概而论，不可忽视年级、学科的差异，否则不仅无法实现翻转课堂的效果，可能还会适得其反。

第二节 微课课堂

近年来，微课一直是教育界讨论的热点话题。实施微课当前我们面临的主要问题有：很多教师不清楚什么是微课、怎么使用微课以及微课与课堂教学有无关系等，甚至部分专家都对微课感到无奈和困惑。若是教师与学生无法较好地使用微课，如今耗费的巨大人力、物力和财力极有可能会大打折扣，这不仅会动摇教育部门、社会与企业力量的研究力度与投入力度，将微课引向重复建设、低水平的老路上，还可能对教育教学与信息技术的深度融合进程造成消极影响。因此，对微课进行实用且深入的探究是必需的。

一、基本要义

要想真正弄清微课的定义，需先厘清近些年来国内外引起关注的研究是怎样界定微课的。通过对微课的文献调研，我们不难发现，不管对微课赋予何种含义，其均有一个共同特点，即微课必须有微资源（或者说微视频）的支持。而对于微课认知中存在争议的地方关键在于能否承认微课有无基本的定位赖以存在。所有的学习活动均发生在一定的学习情景中，国内学者对其中具有代表性的五种学习情景和相应的学习活动、学习伙伴、学习地点以及学习时间进行了研究。这五种较为典型的学习情景分别为：个人自学、课堂听讲、边做边学、研讨性学习和基于工作的学习。若是将除了课堂听讲以外的四种学习情境统称为非课堂听讲情景，那么学习情境就可分为两类：课堂听讲情景与非课堂听讲情景。一般的研究逻辑是先对微课下定义，然后再提出微课的应用情景，其实这种研究逻辑原本就比较容易让人产生疑惑。从实际应用的角度出发，我们认为应先界定应用情景，也就是学习者的学习情景，然后再定义微课。实质上，微课很大限度上和其应用的学习情景相关，微课在课堂听讲情景中应用，必然和课堂教学有关，此时教师的教和学生的学在同一时空中发生，其与课堂的教学目标、教学内容、教学过程以及教学评价等之间就存在怎样嵌入的问题；微课在非课堂听讲情景中应用，此时教师的教与学生的学未必会在同一时空中发生，其可自成体系，在环境的支撑下形成一个自足系统。

对于微课，之所以出现许多不同的见解甚至有的见解之间无法调和，究其根本是因为对微课应用的学习情境尚未形成固定的认知。我们认为在课堂听讲情景中所说的微课指的是微视频，即包含动画、视频等在内的多种微型资源。此处提到的微课是与拥有三维教学目标的“整课”相对来说的。在非课堂听讲情景中所说的微课指的是微课程，微课程是一个自足体系，可满足学习者的知识需求并指导其解决实际问题。微课程的内容越丰富，服务越周到，对教师的教和学生的学相互分离的状况下学习者的内化与应用知识就越具有推动作用。

二、教学模式设计

从实际应用的角度出发，课堂听讲情景下的微课包含三个核心构成要素，分别为与整课建立直接关系的微目标、微视频和微练习。将这些定义为微课的核心构成要素，主要是因为教师的应用需求。微课的构成要素主要解决根据什么学、学什么、怎样巩固三个基本问题。微目标是中心，指引着微课的方向和设计思路，解决根据什么学的问题；微视频是载体，承载着微课的传输途径与教学内容，解决学什么的问题；微练习是保障，关系到学生学习的效果，影响着学生下一步学习的起点质量。需要注意的是，微视频既不是将课堂教学内容再重复讲授一遍，也不是一堂完整视频课的部分片段。

微视频的开发与设计具有以下原则。

（一）从整体上把握教学目标和进行学习者特征分析

此处的教学目标是指基于整堂课的总体教学目标，通常分析情感态度和价值观、过程和方法、知识和技能三个层面，这与传统教学设计的教学目标分析基本一致；此处的学习者特征分析是指基于整堂课的学习者特征分析，通常包含情感态度分析、知识起点分析等，这与传统教学设计中的学习者特征分析基本一致。

（二）重视教学目标的有效分解

教学目标分解指的是将整堂课的教学目标分解为整课教学目标与微课教学目标两部分，并对二者的关系进行准确描述。从理论方面来讲，这二者之间的关系主要有三种：其一，微课教学目标涵盖整课教学目标，例如可使用微课向学生介绍作文的写作方法、写作情景以及注意事项，把整课留给学生进行构思及腹稿形成；其二，微课教学目标依附于整课教学目标，这也是课堂听讲情景下最常见的一种关系；其三，微课与整课的教学目标重量相当，共同完成课堂教学目标，例如在物理、化学和生物等学科教学中，使用真实实验完成现实场景中可以完成的实验，使用虚拟仿真实验室完成部分现实场景中难以完成的实验，共同获取实验结果。

三、应用中需要注意的问题

（一）技术方面

微课一般以微视频为载体呈现，许多在电视节目制作方面觉得“不值一提”的问题，在拍摄微视频的过程中反而时常出现，且没有得到相应的重视。例如：①部分微视频在拍摄过程中，常采用高清电视来呈现教师所讲授的内容，但由于未重视刷新频率，导致许多高清电视在拍摄形成视频中闪烁十分严重，甚至都无法看清视频上的内容。②一些视频中，既有横向画面，又有纵向画面，且整个画面偏窄，视觉上非常难受。③背景声音处理不干净，如录制环境嘈杂，有其他人的说话声、汽车鸣笛声等。④整体拍摄照度不够，画面较暗。⑤视频切换剪辑不精细，一些画面出现了跳轴的现象。⑥拍摄授课人操作的角度不合适，导致观看不适，而且还无法看清细节。⑦一些微视频中授课人演示时一会儿从右边出现，一会儿从左边出现，一会儿又从下面出现，整个视频拍摄显得比较凌乱。⑧需要操作高清电视中呈现的内容时，最好能够使用触屏功能或远程遥控，避免授课人在画面中来回走动。

（二）授课人方面

对于中小学学段微视频中的授课人，通常不建议其披散着头发，佩戴首饰等物品，穿的衣服应简单大方，以免分散学生的注意力；授课人的言谈举止不应过于死板、僵硬，不能像背诵讲稿一般；普通话要标准，否则将会大大影响学生学习微视频的效果。授课人对于操作过程和讲授的内容必须十分熟练，避免拍摄过程中出现过多卡壳和操作失误的现象。

（三）教学设计方面

在教学设计方面，一定要科学严谨、认真细致，避免临时拼凑。有些微视频没有具体围绕一个知识点，在选择知识点时过于大而粗，使得整个微视频的长度过长，有的讲授只是把 PPT 搬上微视频，直接用 PPT 一讲到底，未能兼顾到学习者的认知特征；有些微视频不注意学科特性的区分，教学过程中授课人千篇一律地使用一种语调、一种语气进行讲授；有些微视频呈现的问题没有层次性和挑战性，未能将前置学习内容与课堂深层次讨论内容之间的联系很好地表现出来，学困生与优等生这些处于“两头”的学生的学习需求常常无法得到满足；有些微视频是从原视频中直接截取一部分，前后不搭，学习者学习起来没有连贯性；还有的微视频在拍摄过程中，图省事，并未严格遵循学科实验的基本要求，例如未使用专门的化学试验器皿，而是以矿泉水瓶或其他容器代替等。

第三节　双主课堂

以网络通信和多媒体计算机为核心的信息技术的快速发展以及其在教育领域的普遍应用都给教育带来了深刻的影响。此种影响不仅体现在教学手段的变化上，而且从教育思想、教学理念、教学方式和教学内容等方面引发了教育教学的深层次变革。要想在信息技术的基础上加快形成新型教育服务供给方式和教育教学模式，教育和信息技术融合创新就成了当前教育界研究的重要方向。在此种背景下，双主课堂逐渐走向成熟并成为师生们所信任的教学实践形式之一。

一、基本要义

双主课堂的基本要义是不仅要发挥教师在教学过程中的主导作用，还要凸显学生的主体地位，双主即为“主导”与“主体”相结合。到了21世纪，以何克抗教授为领军的基础教育跨越式发展实验研究的影响力逐渐扩大，双主课堂教学模式得到人们的广泛认可，实践模式更加多元化，基础理论更加丰富，已有不少教师和学生在此项研究中获益。

双主课堂能够激励学生自主探究、自主学习，有利于调动学生的积极性、主动性和创造性，因而有助于培养学生的创新思维、创新意识和创新能力；双主课堂注重发挥教师的主导作用，提倡教师参与组织整个教学活动，因而有助于教师对前人知识和经验的传承与授受，有助于打好学生关于各个科目的知识基础。这样可把以“教”为中心和以“学”为中心的教育理念相结合，形成一种新的教学实践模式，这也是对西方极端建构主义思潮的一种修正。下面以中学生物课堂教学实践为例来展开论述。

在生物课堂教学中，ICT（information and communication technology）的运用方式是多种多样的：ICT可以作为环境构建的工具、教师教学的工具以及学生认知的工具；同时ICT也为生物教学效果与教学质量的提高提供了新的契机。ICT可以使生物教师更有效地指导学生，可以使学习者通过有意义的方式获得在真实情景下学习生物的机会，可以更好地支持课堂教学中同伴间的合作学习。

二、教学模式设计

（一）生物课课型的设计

依据现行新课程改革教材的编写体例，生物课课型主要分为新授课、讲评课和复习课三种类型。新授课主要是为了讲授新的知识点，拓展学生的思维；讲评课主要是为了指导学生方法，引导学生自主纠错，进行升华提高；而复习课则是为了梳理知识，构建知识点网络，帮助学生巩固和提升。

（二）教学过程时间分配的设计

一节生物课的课时通常为 40min，少数还有 30min 甚至更短时间的课时。在教学过程中，教师通常会讲授 20min 知识点，留出 20min 让学生自主学习。其中，自主学习包括 10min 课内拓展学习和 10min 课堂活动。

（三）教学流程设计

1. 教学流程设计的原则

教学流程图是在 ICT 支持的课堂中，教师开展教学的具体实施步骤。其设计应依照以下四个基本原则：一是，依据不同课型的要求和基本原则来设计；二是，需清楚地说明每一种生物课型的教学重难点；三是，需清楚地给出教学的各个实施环节；四是，其设计应充分说明支持每项教学活动的特定策略。

2. 教学流程图的具体设计

以图 5-2 为例，不难看出，我们把生物教学过程主要分为两个阶段：第一阶段是教师引导阶段（即图中前三个环节）；第二阶段为学生自主学习阶段（即图中最后两个环节）。

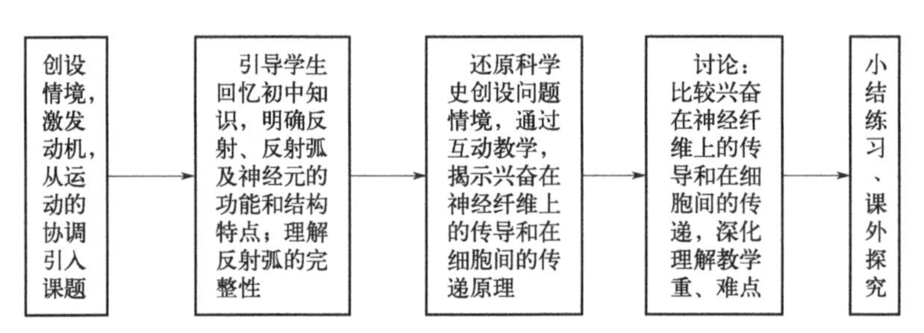

图 5-2 以课文为主课型的第一课时教学流程

（四）应用策略设计

ICT 和生物教学整合的方式是丰富多样的，但生物教学有其特殊的文化特征和内在机理。成功的技术应用是由不同课时教学目标、课型内容、教学流程以及学习者的实际学习状态和原有认知基础等综合因素决定的，而不是纯粹由设计者的主观因素决定的。在设计生物教学实验时，并未让 ICT 融入整个教学过程中去，也未明确规定ICT应该会必须支持哪个教学环节，只是提供了几种ICT可能会提高教学质量和教学效率的策略和方法，以便教师在现实教学设计中进行选择。

1. 利用ICT来进行情景创设

可通过角色扮演、音乐和图片等方式创设情景，使学生有一种真实愉悦的情感体验，更有利于感悟教材内容所表现的意境，并产生想象或联想，从而促使学生情景化思维的形成。

2. 利用ICT呈现生物变化过程

在生物教学中，涉及细胞分裂、化石以及太空等概念时，可利用ICT展示这些生物或科学现象的运用或演变过程，进而引导学生更直观、更形象地认识其中蕴含的科学奥秘，指导学生针对单元主题进行探究性活动。

3. 利用ICT引导学生构建概念间的联系

在每节生物课结束之后，教师用概念地图的方式带领学生进行课堂总结，引导学生厘清所学知识的脉络，抓住教学内容的重难点，使学生创建清晰的知识框架。

4. 利用ICT呈现自主学习的方法与问题

方法能够提升学生思维加工的效率，问题能够引导学生思维加工的深度。利用ICT呈现方法与问题，应使学生明白在生物教学活动中自身所要达成的目标和所从事的任务，并判断是否运用和其他人合作的方式来完成任务。

三、应用中需要注意的问题

对于教师来说，双主课堂掌握起来十分简单，但重要的是需要学校的大力支持、教师自身的长期坚持以及相关专家的持续指导。在采用此种模式前，需重视以下几方面问题。

其一，学校应该组建一个以校长为组长、以教学主任为副组长的校本课题组，对教师的教学需求提供及时支持和指导。校领导和相关专家应设置固定的时间去观看教师上课，对教师的优点进行肯定，同时指出教学中的不足，并针对实际情况给出改进意见。

其二，创建统一的交流平台，使教师能够与专业人士就生物教学设计方案进行讨论和交流，并对生物教学过程中出现的一些困惑或疑问进行远程咨询，也可将自身的心得体会和成功经验与其他教师进行分享。此外，在统一的交流平台上，专业指导人士还可定期推送一些与生物实验研究有关的学术论文，支持教师选择性阅读或浏览。

其三，在每次开学的前一周，对教师进行一次集中的现场培训，培训的内容主要包含生物课程的基本理念、教学方法、教学形式和信息技术等。另外，还可对教学过程中普遍产生的问题进行现场解惑。

其四，建立统一的门户网站，以供学校和教师阅读活动通知、工作总结、研究计划以及下载网络课程和学习资料等。

其五，给不能登录网站的教师提供离线学习光盘，使其能与其他教师一样获得学习机会和材料，特别是对于山区偏远一带的教师更应如此。

第四节 BYOD 课堂

谈到 BYOD （即 bring your own device，自带设备），大家的目光都会集中到高校。西方一些发达国家的高等院校在新生报到时，都会派发给每位学生一台笔记本电脑，后来此种方式逐渐被推广开来。最早引入 BYOD 的原因是因为教学设备不足的问题限制了学生有效运用信息技术。但当前，在高校中拥有笔记本电脑的学生人数不断增多，若是允许学生把电脑带到课堂上来，不仅可让没有电脑的同学协作使用，还可在一定限度上缓解因班容量大等原因导致的融合问题。本节在以往研究的基础上，对于 BYOD 的基本要义、教学模式设计以及应用中需要注意的问题等进行了详细论述，以期能够促进教学模式的创新。

一、基本要义

从目前的实践和文献来看，BYOD 最初来自公司管理，也就是让员工携带自己的设备到公司上班，可访问公司的相关应用及资料。它又被称作 BYOP （即 bring your own phone，自带电话）、BYOT（即 bring your own technology，自带技术）和 BYOPC （即 bring your own personal computer，自带个人电脑）等。随后被运用到教育领域中去，指鼓励或允许学生带着自己的笔记本电脑到教室中学习。从应用场景分类的角度出发，杜振良和赵慧臣等认为从企业方面来看，“自带设备”指的是企业允许职工带着自身的设备（以平板电脑和智能手机为主），在不受地点、时间以及网络环境等条件的制约下开展办公的模式。从学校方面来看，“自带设备”指的是学校允许教师和学生带着自身的设备连接到校园网进行教学活动，以提高学习效果与教学效率。笔者认为此定义对于 BYOD 的理解和认识是比较深刻的，并且从应用场景方面进行分类的方法是可取的。笔者认为自带设备对企业来说，不能只限于办公上；对学生和教师来说，不能只限于学习效果与教学效果上。根据“互联网 +”时代对人才培养方面的要求以及对学习和教学的要求，笔者尝试界定 BYOD：从企业方面来看，BYOD 是指职工利用个人设备在企业中不断进行学习，并与企业一同成长发展的模式；从学校方面来看，BYOD 是指教师与学生利用个人设备进行教学活动和学习活动，并在群体智慧中持续推动个性化发展的模式。本节主要论述在学校方面 BYOD 模式的应用。

二、教学模式设计

BYOD 课堂给予了学生使用自己喜欢的设备进行学习的权利和自由，允许学生使用个性化的学习设备进行学习，推动了师生教学和学习方式的变革。因而，想要给 BYOD 设计一个具体的教学模式是十分困难的，也是不太现实的。但笔者可依据以往研究和实验的基础，对 BYOD 教学设计与实施过程中需重点掌握的几个环节提出一些自己的观点和意见。在一定程度上，当 BYOD 实施中设备到位后，通常会产生“一对一”和“多对一”两种移动学习模式，因此 BYOD 教学设计与实施中的重点环节和移动学习教学设计与实施中的重点环节有着十分相似的地方。

（一）学生分组确定

在对学生进行分组的过程中，不仅要依照协作学习分组的一些原则，还要充分考虑实际状况；不仅不能将全部的任务都堆积到组长身上，还要有效发挥每位组员的优势，合理安排小组成员；不仅要考虑到日常班级教学时的协作搭配，还要考虑到学生的关系圈子和人际社交，如此才可确保协作学习实现最终目的，顺利完成教学任务。

实施 BYOD，需注意以下分配问题：

一是，笔记本电脑在小组中的分配问题。例如，班级中总共有12台平板电脑，将学生依据自愿结合的原则分成6组，并依次排序，将第3、6两个小组每个小组2名同学用一台电脑，其他四个小组均是三名同学共用一台电脑。

二是，解决小组成员分配与谁使用电脑的问题，需兼顾到电脑拥有者的感受。依据自愿结合的原则而非根据异质或同质分组，是因为学生人数与电脑的数量比例约为3 ∶ 1，且电脑持有者是固定的，他们操作电脑的技术水平较之其他人也更高一些。而且同组同学是自愿结合为一组，其关系比较亲近，小组的合作也会更加协调。

三是，考虑任务分工，让每组每个成员都领到相应的任务。同组内电脑拥有者负责电脑输入输出的操作任务，三人小组的另外两名同学一人负责报读纸质量表中的数据，另一人负责将其他组的数据拷贝到一个数据表格中。在两人小组中则由另一人负责这两项任务。至此，此“多对一”的小组分组才得以确定，使得小组内每位成员均分配有合理的且自己满意的任务。

（二）教学活动设计

把教学内容以怎样的方式组织成一个活动序列，这是教学活动设计时比较困难的地方。在设计教学活动时，需时刻关注教学活动的流畅性和独立性之间的关系。教学活动设计粒度过小，实施的流畅性会受到影响，学生很容易完成一项学习任务，就会把多余的时间浪费在其他无关的活动上；设计粒度过大，活动实施的流畅性就会受影响，学生在很长时间内无法进入到下一个学习活动中，就会表现得十分烦躁。总的来说，教学活动应紧扣学生需求和日常的知识积累以及其认知特征，设计粒度大小适中，任务挑战难度也适中，如此才能使学生获得最大的收获。

（三）任务设计

BYOD的许多任务，并不是单纯通过分数就能反映出学生的个性化特点的。因此，除一些考核性质的知识类任务以外，还应该设计更多发展性质的任务。例如，可以给学生布置如下任务：当学生完成教学活动之后，以邮件的方式向教师提交三份材料。一是，以个人形式提交一份个人学习策略水平反思报告，报告字数不超过500字；二是，以小组的形式提交一份全班学生学习策略整体水平分析报告（包含图和文字说明），字数不超过500字；三是，以小组的形式提交一份班级课堂教学效果调查问卷统计图（或统计表）。

对于不同学段的学生来说，以上三个环节的教学模式设计均是相通的，可以互相借鉴。

三、应用中需要注意的问题

（一）教师教学方式的转变

这里主要牵涉的是教师在教学过程中“如何教”的问题，也就是采用怎样的方式开展教学才能够提高教学的效率与质量。在两到三人的合作学习环境中，教师教学方式出现显著的变化，具体体现为以下几点。

一是，对某一阶段的学习者特征进行分析时，既重视原有知识基础的综合分析，还要考虑到学生是否愿意对这部分知识内容付出情感参与。

二是，在教学设计中给学生留出自主学习的空间与时间，做到学教并重。

三是，不仅要重视信息化教学资源与学习工具提供的可获取性，还要努力降低这些资源与工具的技术学习难度。

四是，既要关注中间群体，还要不断提醒信息技术应用较强和较弱的个体，使之在小组合作中主动寻找合适的任务。

五是，教学模式、任务、案例以及评价的一致性。

（二）学生学习方式的转变

这里主要指的是在课堂教学过程中学生“如何学”，也就是采用怎样的方式来学习才能够促使学生对某一学习主题达到成功状态。在两到三人的合作学习环境中，学生的学习方式产生显著的变化，具体体现在如下几方面。

一是，学生通过小组合作学习完成知识的构建而未采用以往“听课背笔记”的方式。

二是，学生对教学内容的关注重点已由教材转向对特定问题或知识点的理解、感受、体验与实践上。

三是，学生通过自身的切身感受促使其学到的知识在不同的实践情景中进行运用与迁移。

四是，学生通过反思明显意识到自己在电脑的支持下学习方式发生了改变。

（三）协作型学习工具的选取

对于 BYOD 来说，重点在于协作型学习工具的选取与怎样激发学生的自我反思。协作型学习工具的选取，是为了使计算机环境支持下的小组成员均能够参加教学活动，并且这种工具自身还携带某种可以引导学生解决实际问题的方法或策略。此种方法或策略所造成的实际效果成为学生产生体验和激发其自我反思的原因之一。LASSI 这个协作性学习工具自身就拥有个体学习策略的诊断功能，而它的统计需要借助计算机，并且需要全体小组成员共同参与才能够顺利完成。若是换成论坛、Blog 等其他工具，虽然也能够利用计算机进行统计且小组成员均能参与，但这些工具只能支持一般的协作学习，并不具备某种学习发展方面的诊断功能，而且无法实现体验式协作学习。

第五节　新型课堂探索

一、Scratch 课堂

Scratch 是美国麻省理工学院开发的一款可视化、代码块拖拉式的教育性编程工具。Scratch 利用图形化界面，将编程所需的基本技巧涵盖其中，包含事件、运算、控制、侦测等功能代码，操作者仅需操作鼠标，以“搭积木”的形式就能实现各种编程效果，使得学习变得更加轻松，充满趣味，因此 Scratch 更加适合儿童和编程初学者使用。

二、交互式白板课堂

交互式电子白板是一种融合了电子通信技术、计算机技术以及微电子技术的人机交互智能平台，是一个融合多项媒体教学功能的实用软件。在电子白板上的一切操作，均可借助电磁感应反馈到计算机中，并投影到白板上，快速进行人与白板、投影仪和计算机之间的信息交换，反映出软件设计者的智慧。这样一套和硬件捆绑的软件，提供了很多新功能，降低了使用过程的复杂性，使其在教学中能够发挥一些特殊的作用，所以备受广大师生的喜欢。其拥有以下四个显著特点：一是，书写、注解和电子擦板功能；二是，图片和绘画功能；三是，回放与资源功能；四是，凸显重点功能。

三、场馆课堂

场馆课堂指的是在场馆中教师与学生一同完成教学内容，实现教学目标的一种课堂教学组织形式，其概念起源于场馆学习。从早期的科技馆学习、博物馆学习到以后的 GLAC 学习，再到目前比较流行的 STEM 教育，这些都反映出社会与学校合作育人的教育理念。不同于过去的研究，笔者认为场馆课堂的提法更适合小学和中学及其教师和学生的实际情况，它更强调课堂和场馆间的知识衔接、德育导向、体验融合与氛围生成。

除上述三种新型课堂以外，还有 3D 打印课堂、增强现实（AR）课堂、电子书包课堂、研学旅行和 Pad 课堂（一对一）等，这些新型课堂都具有自身独特的优点和不足之处，在此不再一一赘述。

第六章 现代生物师范生教师专业能力建设——实践实训（一）

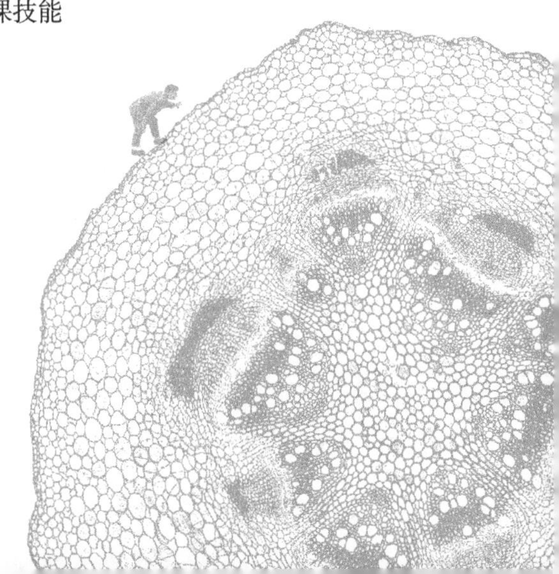

本章主要介绍的是生物教师所必须具备的各项专业技能及实训，包括导入技能、讲解技能、提问技能、组织课堂讨论技能、结束技能、教学语言技能、教学演示技能、板书技能、板画技能、学习指导技能、提供学习支架技能、说课技能和评课技能。

第一节　导入技能

在生物教学过程中，为了激起学生对新知识的兴趣和思考，教师需要依据课题内容、教学任务、学生原有的经验和知识以及他们的年龄特征和学习心理，认真设计导入，将学生引入预设的教学程序和教学任务中，以实现教学效果的优化。

一、导入技能实训注意事项

导入技能是教师必备的一项重要技能。因此，教师应重视对导入技能的掌握和运用，并且在实际训练导入技能时，应注意以下几点要求。

（一）目标明确，针对性强

导入的设计需依据教学的三维目标，以教学重点为核心来进行。导入的方法应简洁、具体，具有极强的针对性。导入要符合并服务于教学内容的整体需要，指引学生对将要学习的内容形成认知上的需要。若是形式和内容脱节，不管导入多新颖别致，都无法产生良好的教学效果。

（二）锤炼语言，讲求艺术

导入要有新意、有情趣，能令人产生探究的欲望。导入的魅力在极大限度上取决于教师的语言及其炽热的感情。科学、准确、饱含激情的语言，可以快速拨动学生的心弦，激发学生的思维，凝聚学生的注意力。

（三）启发思维，点拨得当

导入对学生学习新内容具有启发性，有助于引起注意、激发动机、活跃思维、启迪智慧，帮助学生更好地掌握新知识。激发思维常常是从问题开始的。在导入时，教师以具体、生动的实验或事例为依托，合理设疑，通过恰到好处的点拨，指引学生积极思维。

（四）注重时效，抓好效益

导入时间应适宜，通常为2～5min。时间过长，容易本末倒置，分散学生的注意力；时间过短，又很难达到创设情境、激发兴趣的目的。因此，教师应认真提炼导入语的内容，精心组织导入的各个环节间的层次，促使学生尽快步入学习佳境。

（五）激发兴趣，引导求知

从心理学的角度来看，若是逼迫学生学习，学生对于所学内容的记忆是十分短暂的。若是学生对学习的内容感兴趣，他们就会积极主动地去学习，学习的质量和效率也会比较好。因此，教师应精心设计导入使学生处于渴望学习的心理状态，激发其学习的积极性，促使其以最佳的心理状态参与到学习活动中去，为课堂学习创设良好的开端。

二、导入技能实训设计

导入技能实训的设计，主要包括以下几个环节。

（一）组织理论学习

组织受训人员学习导入技能的相关知识理论，使其掌握导入技能的含义、导入技能的功能、导入方式的种类、导入方式的选择以及导入教案的设计和编写。

（二）观摩示范录像

组织受训人员观看教学导入的示范录像，引导教师结合已经掌握的与导入技能相关的理论知识展开有针对性的分析，使受训人员进一步明确培训的目标与导入方式的选择和要求，并交流自身的感受。

（三）设计导入教案

教师应根据本节的教学内容，确定教学目标和教学重难点，在熟练掌握整节教学内容的前提下，选择恰当的导入方式，设计教学过程。在分析课本内容和课标要求的基础上，设计 3 ~ 5 个导入。写出自己对教学内容和学生情况的分析，对课标的认识与教学目标、教学重难点的认定，再加上可使用的教学资源情况。以 200 字 /min 计算，设计 3 ~ 5min 的导入文字稿。

（四）编写导入教案

受训人员编写导入教案后，在实训小组内陈述，组内各成员之间互相交流、讨论，并认真修改教案。

（五）用修改后的教案试教

教师扮演者使用修改后的导入教案进行试教（时间控制在 3 ~ 5min 之内），其他受训人员（学生扮演者）认真听讲，并记录试讲者教学中的优缺点。指导教师则边听课边对教学整个过程进行录像，尤其是对学生表现出色和较差的地方拍一些特写。

（六）反馈评价

通过重放录像、自评、他评和讨论，试讲者对自身的导入技能将会有更清晰的了解，应总结评价，并进一步修改教案。

第二节　讲解技能

讲解技能是教学中普遍应用的一种基本教学技能。在教学过程中，知识综合、概括与总结阶段，讲解都是有效和必不可少的。运用知识时，通过讲解来进行分析和引导也是十分有利的。

一、讲解技能实训注意事项

（一）明确讲解目标，创建框架体系

教师需先掌握教学目标与新旧知识间的内在联系，分析所讲内容的结构，并按照学生思维发展的顺序，建立讲解的框架体系。此框架体系，教师也可在教学过程中边讲解边板书出来。在探究性教学中，教师也可以系列化的关键性问题呈

现教学内容，建立讲解的框架体系，此方法既条理清晰，又能引发学生的思考。

（二）语言简洁流畅，表达清晰准确

语言对讲解的效果具有十分重要的作用。对讲解的要求包含：一是，语言简洁流畅，表达准确、清晰，没有句子间的不连贯，也没有不必要的重复；二是，擅长使用生物学的专业术语，不使用学生难懂或没有学过的术语和概念；三是，依据情感和内容的需要以及课堂中的具体情况，变化语速、音调和音量，使语言变得更生动形象，富有启发性和条理性。

（三）前后连贯呼应，过渡自然巧妙

若是学生未构建起知识框架体系，那么他的知识必然是混乱的。而要使学生建立完整的知识框架体系，教师在讲解的过程中就需要明确说明讲解的目标，构建起框架体系，并且整个讲解的过程应结构清晰、思维严密，各环节之间过渡自然。

（四）选择典型实例，重视正反结合

在生物课堂教学中，许多比较抽象的原理和概念成了学生学习生物的“拦路虎”，此时教师应依照讲解内容的需要，选择合适的案例，将学生熟悉的知识、事实、经验和新知识、新概念相联系，再进行透彻的讲解和分析。在使用案例时，最常用的是正面案例，学生可以从正面案例中加深对原理和概念等的理解与掌握。但要想深入、透彻地分析概念的外延，澄清在使用原理和概念中的错误，还需要合理运用反面案例。

（五）强调重点内容，提高教学效果

在课堂讲解中突出重点内容，有利于构建新旧知识之间的联系和对新知识的结构展开透彻的分析，既能引起学生的重视，还能在持续的重复与升华中，使学生对知识的理解和掌握变得更准确、更牢固。借助强调，可帮助学生加强短时记忆，并促使学生明确获得新知识的思维过程与探讨问题的方法。缺少经验的老师，会因讲解过程中缺少准确、有效的强调，而使教学显得十分平淡、重点不突出，教学效果就会比较差。

（六）增强交流互动，信息及时反馈

若想尽量避免讲解中师生交流不到位的弊端，教师就必须拥有以学生为主体的教学理念，了解学生的学习态度、兴趣、困难和理解的程度，重视启发和引导，时刻关注学生对讲解效果的反馈，并及时对讲解的内容、速度和方法等进行调整。

二、讲解技能实训设计

讲解技能实训的设计，主要包含以下几个环节。

（一）组织理论学习

组织受训者集中学习讲解技能以及相关技能的理论知识，了解讲解的含义、功能和类型，掌握讲解教案的设计和编写。

（二）制订讲解教案，交流备课情况

试讲人员依据所制订的教学目标和教学任务，选择恰当的讲解方式，制作一个约 15min 长短的微型课教案。其主要内容包含：教学目标、技能目标、学生的行为、教师的教学行为、运用的教学技能、时间分配以及需要预先准备的教学媒体等。应重视不同知识类型讲解的步骤。指导教师引导学员交流备课的情况，互相取长补短。

（三）确定授课内容

受训者可在中学生物教材中选择一节进行讲解技能的试讲训练。

（四）试讲者的教学实践

试讲者使用修改后的教案进行试讲，其他人员充当学生认真听讲，并记录试讲者试讲过程中的优缺点。

（五）反馈评价

反馈评价包括重放录像、自我分析和讨论评价。重播试讲录像后，由试讲者、听课人员和指导教师分别评价讲解过程，讨论所存在的问题和不足之处，指明努力的方向。

（六）修改教案

试讲者应根据评价中提出的问题和不足之处，认真、主动和积极地对教案进行修改。

（七）再循环训练

问题特别多的试讲者可再一次进行训练。

第三节　提问技能

提问技能是教师在教学过程中进行师生交流互动的一项基本教学技能，也是教育家们在长期教学实践中归纳出来的重要的教学方法之一。

一、提问技能实训注意事项

对此技能展开实训，需注意以下几项要求。

（一）发问的要求

在发问时，应做到：一是明确提问目的；二是注重感情色彩；三是精选设问角度；四是把握问题难度；五是巧设问题“坡度”；六是设问形式新颖；七是问题随机应变；八是把握提问时机；九是合理控制语速。

（二）候答的要求

由于学生对教师提问的问题需要有思考、准备和表达的时间，所以教师在提问之后，应适当停顿。停顿对于师生而言，均具有一定的意义，可从中获取相应的信息。通常来说，若提问和停顿的时间较长，说明问题具有一定的难度，学生应利用较为宽松的时间仔细思考，认真作答；若提问速度较快，停顿时间较短，则表示问题比较简单，学生应尽快回答。教师可在停顿时，环顾全班，观察学生的反应，进而掌握学生对于问题的思考情况和参与程度，为调节提问的进程提供依据。

（三）叫答的要求

问题的思考与回答都需要教师尽量调动全班同学共同参与。同时给更多的学生提供回答问题的机会，尤其是座位比较偏的学生。此外，教师应根据学生回答的情况思考学生的知识掌握情况。

（四）理答的要求

教师不要随便接受喊出来的回答，否则容易使提问失去控制，并限制了其他学生的进一步思考。同时，还要重视启发和诱导。在学生回答困难时，教师应适时进行引导，或减轻问题难度，或转换问题角度，多运用一些铺垫性、疏导性的问题，以适应变化的环境。

（五）评价的要求

教师应尽量使提问的气氛保持融洽。在提问过程中，教师的态度应温和，以平等的姿态和学生共同讨论。认真倾听学生的发言，尊重和鼓励学生回答问题，切忌对答错或回答不出来的学生进行斥责或嘲讽。不管学生答对还是答错，均应对其进行热情鼓励，然后纠正他们的错误。另外，应正确对待学生的质疑。在教学中，不仅有教师设置的问题，还要鼓励学生积极提问，特别是当学生提出高质量的问题时，更应对其进行鼓励和表扬。

二、提问技能实训设计

提问技能实训的设计，应包含以下几项内容：

一是，确定提问技能的类型，在课堂教学中的作用，在学生认识事物和掌握知识的不同阶段应运用哪种类型的提问。

二是，设计一段以训练提问技能为主的教学片段，组内各成员可选择相同课题分别进行准备。在指导教师的指导下分别进行试讲，全组一同观看录像后，进行比较、讨论和评价。

三是，在观摩优秀教学实录和现场听课的过程中，记录授课教师的提问，并分析授课中的提问属于哪种提问类型，为何设置这样的问题，是否可通过转变设问方式达到更好的教学效果。

四是，在日常实训中，针对同一问题，应使用不同的语调和形式来表达。参照“提问技能实训注意事项”，寻找自身存在的问题并在实训中努力改正和提升。

五是，选择一节教材，通过多种方式设计问题，在微格教室中进行试讲，并对学生出现困难的情况进行合理处理。

第四节　组织课堂讨论技能

课堂讨论是指经过预先的设计和组织，在教师的指引下，在学生独立思考的基础上，让小组成员或全班学生以某一问题为中心，各自发表自身的观点，并通过师生之间、生生之间的多边交流，相互探讨，以发现获取真知与全方面增强学生素质的教学方式。

一、组织课堂讨论技能实训注意事项

对于此种技能的实训要求，包括以下几点。

（一）讨论的题目要有探究性和现实性

探究性的问题能够激发学生的求知欲，现实性的问题能够吸引学生的注意。因此，在生物教学中，教师要时常将教材中的知识和日常生活、经济活动、环境保护和医疗保健等密切结合起来，设置一些与学生熟悉的生活经验相关但又不十分明了的问题，积极引导学生将所学的知识和实际生活相联系，提高学生学习探究的乐趣，增强学生理论联系实际的意识。

（二）留给学生足够思考、质疑的时间

有意义的讨论需要时间保证，因此分组讨论需要精心设计并慎重应用。问题讨论至少要经过以下几个环节：一是思考并得出结论；二是组织语言表达；三是倾听他人的观点，并与自身观点结合进行判断。对需要展开讨论又和教学内容紧密相关的问题，可留出充足的时间。

（三）选择恰当的讨论方式

课堂讨论拥有多种方式可供选择，除小组讨论以外，还可选择辩论式讨论、分析式讨论等。在实际选择时，主要根据讨论的话题来确定。但不管何种方式，

均无法脱离精心设计的问题和讨论的所有细节。

（四）注意指导与调控

在课堂讨论中，教师要仔细观察、积极引导并主动参与，不可“袖手旁观”。对于讨论中产生的新问题，教师应及时进行引导和解决。注重启发学生独立思考，并适时、适量地介入到讨论中去，认真倾听学生的看法和意见，通过语言、微笑、眼神和点头等对学生进行鼓励和认可。同时，还要严格把控讨论的时间与节奏，组织好各组之间的交流与互评。此外，教师要擅长总结，画龙点睛，帮助学生在认知能力上实现升华。

（五）通过知识的迁移，打破提问后出现的沉默

教师提出讨论的问题后，因智力因素和非智力因素的影响与制约，常常出现学生难以回答的情况，或是讨论中出现“卡壳”的现象，教师发现之后应进行合理的引导和启发。出现“卡壳”一般是因为新旧知识的衔接处出现了问题。教师需要在这些关键处，组织学生讨论，利用知识的迁移打破沉默。此时，教师应有效地控制学生的谈论方向并给学生必要的提示，充分发挥教师的引导作用。

（六）重视交流，培养一定的表达技巧

在讨论中，无论是罗列内容，据理辩驳，还是证明自身的观点，都需要陈述。怎样使用语言准确地表达自身的观点，如何组织具有说服力的材料来验证自身的观点，此种能力的培养，对于学生今后的发展均是不可或缺的。因此在课堂中，教师要将讨论引向深入，传授学生一定的表达技巧，使学生学会倾听和思考。

（七）运用合适的结果呈现方式

重形式轻结果是课堂讨论中常见的一个误区。教师若是仅让少数同学在课堂上展示讨论结果，这样会使大部分学生的积极性受挫，影响教学的开放度。讨论结果呈现的方式有很多种，例如：小组代表口头表述观点，手工模型的展示，以某个小组为中心、其他小组进行补充和修改等。结果呈现无须模式化，应以调动学生积极性来提高参与度，面向所有学生。在运用小组代表表述观点的方式时，

教师在巡视过程中应注意各小组的不同意见，并从其中挑选出几个具有代表性的小组来表述，再进行对比并总结出结论。

二、组织课堂讨论技能实训设计

在组织课堂讨论技能方面，其实训的设计包括以下内容。

一是，分组的实训。按照教学内容的需要，学员将实训小组的同学进行任务分组和随机分组，并依据教学设计对分组进行调整。

二是，学员自主选择一节教学内容，设计“讨论”环节。

三是，在微格实训中组织学生展开讨论，并说明讨论各个环节安排的情况。

四是，进行课堂调查，分析以下问题：在小组讨论中比较常见的问题有哪些？怎样进行改进？

五是，对小组讨论技能进行评价。小组表现性评价是以小组为单位的评价，共计 50 分，其中有 10 个要素，每一个要素的满分为 5 分，全部要素相加的总分就是这个小组的表现得分。

个人得分的计算方法为：在小组得分的基础上，上、下浮动 3 分，小组其他成员依据此成员在讨论中参与问题讨论的质量和态度等为其打分，从 –3 到 3 给分，再加上小组的基准分。

第五节　结束技能

结束技能是指教师在结束某项教学任务时，通过概括总结、重复强调、实践活动和实训操作等方式，对所学的知识进行系统化，使其牢固纳入学生认知结构的一种教学行为。

一、结束技能实训注意事项

（一）首尾呼应，结构完整

在教学结束时，要注意和导入相互呼应，有的是对导入时提出的问题进行总结性回答，有的是对导入的内容进行延续和升华。教师要重视教学过程的首尾呼应，这样既可确保教学结构的完整性，还能引导学生建立知识的结构体系。

（二）语言简练，重点突出

在教学结束时，教师应围绕教学中心，梳理知识，总结要点，并深化主题。教师口语应做到语速适中、语音清晰，加强语气能够引起学生的关注与重视；书面语言（即板书）应该提纲挈领，突出重点。结束语言应能指引学生的认识从感性向理性飞跃，并干脆利落地结束教学。

（三）形式多样，灵活新颖

每次教学都以相同的方式结束，会使学生厌倦，致使学生学习兴趣降低。课堂总结时，教师采用的方法应新颖灵活、不拘一格，不要只是简单地重复所讲的内容，要有所变化，并且具备一定的难度。对规律和原理的教学可运用讨论、归纳和总结的结束形式；对概念的教学可运用概括要点、画龙点睛的结束形式；对巩固训练，可运用点拨方法、提示要点的结束形式等。

（四）计划周密，总结及时

在教学中，每节课结束或每个相对独立的阶段结束时，均应严格安排时间，及时进行总结。尤其是快要下课时，总结若是过晚，下课了教学还尚未结束，那么教学的效果就会大幅下降，影响学生的正常学习时间。

（五）构建体系，巩固深化

结束课程时的总结并非知识的简单重复，教师应指引学生发现知识之间联系，通过系统化构建整个知识框架，深化学生对重要概念、事实和规律的理解。对于其中个别部分的内容还要进行拓展延伸，进一步开阔学生的思维。切不可使各部分知识互不相干、支离破碎。

（六）巩固知识，启发思维

巩固学生所学到的知识是课堂总结的重要目的之一，教师应尽量将学生的短时记忆和瞬时记忆转变为长时记忆。教师应创设新的情境，提出符合学生能力和水平并具有新意的问题，引导学生进行探讨，培养其能力，启发其思维，提升其智力。

二、结束技能实训设计

关于结束技能实训的设计如下：

一是，观看示范教学录像的结束部分，尤其是“知识小结”“练习设计”和“拓展研究”等部分，指出其所运用的结束技能的类型，并做好记录，以便小组讨论时使用。

二是，依据“结束技能实训注意事项”，自选一节课，设计其结束部分，分析自己是否到达了如下要求：其一，所选择的结课方式符合教学内容的要求和性质，符合当前的教学条件，符合学生的实际情况；其二，具有明确的目的，设计的结束方法幽默风趣，增强了学生的兴趣；其三，在结束时的实践活动与总结，能够促使学生在知识、情感和能力等方面均有所提升；其四，巧设悬念，引导学生展开联想，课止而思不断，达到引人入胜的效果；其五，总结全课，提炼升华，突出重点；其六，结束时已完成教学目标。

三是，训练时，先开展单一型结束方式的训练，接着再开展综合型的结束训练。

四是，对结束技能进行评价，包含自评和他评。

第六节　教学语言技能

教学语言技能指教师通过正确的语音、恰当的语义以及准确的、合乎逻辑的口语，配合合适的肢体语言和书面语言，阐明教学内容和问题的一种行为方式。这一技能水平对于引导学生学习、启发学生思维以及最终达成教学目标均具有至关重要的作用。

一、教学语言技能实训注意事项

（一）表达准确

与文学语言艺术不同，教学语言艺术既要具备形象美，还要具备科学美，这正是由教学内容的科学性所决定的。因此，教学语言务必要准确、规范、逻辑性强。

（二）语言简洁

莎士比亚认为：“简洁是智慧的灵魂，冗长是肤浅的藻饰。”而作为课堂教学的重要手段，教学语言应通过简洁的话语来表达极为丰富的教学内容，应深刻精辟，避免重复。

（三）针对性强

针对不同的教学对象，教学语言也应当有所变化。对于低年级学生，教学语言应尽量浅显、亲切、具体。对于中、高年级，教学语言则应当深刻、隽永、多变，富含哲理性。

（四）生动形象

教师在使用语言分析问题或表述客观事物时，应通过自身的理解、感受和体验，生动形象地再现客观事物的现象与变化规律，使学生获得深刻认识与良好的审美体验。

（五）富有情感

“感人心者，莫先乎情。”语言是表情达意的工具，而饱含积极、炽热情感的语言，无疑能产生巨大的吸引力。

二、教学语言技能实训设计

对教学语言技能的实训设计如下：

一是，组织理论学习。组织受训人员集中学习教学语言技能的基本知识理论，使受训人员掌握教学语言的功能、类型以及应用方式。

二是，观看示范录像。组织受训人员认真观看示范教学录像的相关片段，认真记录好此教师的主要教学语言，指出此教师教学语言的整体特征，详细分析其各个教学环节语言的优点和不足之处，并提出改进的措施或意见。

三是，结合一节课的教学实践，按照实训要求进行训练。

四是，结合一节课的教学实践，分析教学中体态语言（又称态势语）的意义和功能，指出其体态语言设计的优点和不足，并提出改进的意见和措施。

五是，练习使用体态语言表述一定信息。例如：对学生表示关爱、怀疑、否定、再见、你真棒、你再想想、还是不恰当、高兴、生气、同情、赞赏、制止等。

第七节　教学演示技能

教学演示技能是教师在教学中运用模型、实验、图片、实物、图表和电化教学等直观教学手段，或是进行示范性操作，充分调动学生的感官，形成表象与联系，引导学生观察、思考和练习的一种教学行为。

一、教学演示技能实训注意事项

（一）紧密联系教学任务

依据教学内容与学生原有的基础来决定教学演示的目的。教学演示应有利于突出教学的重点与突破教学的难点。教学演示的内容应是学生经验所缺乏的、教学内容所必需的、学生的直觉是错误的或模糊的以及容易产生疑难的抽象知识等；应选择合适的媒体进行教学演示，并且教学演示的顺序和方法应有助于学生的观察与思考。

（二）正确选择演示媒体

在设计教学演示时，应选择合适的演示媒体，确定演示方法，安排演示步骤，精心准备各种教具。演示媒体的选择应符合媒体自身特征。生物教师必须熟练掌握各种演示媒体特性，充分发挥各类媒体作用，选择最恰当、最有效的手段，凸显演示的价值与功能。

（三）确保操作规范、正确

规范和正确的操作是教学演示成功的前提，也是加强教学演示效果的前提，此外还可对学生实验技能的培养造成直接的影响。在教学演示时，教师的操作必须要谨慎、一丝不苟，给学生做出良好的示范。开展实验教学演示时，实验装置应朝向全体学生。

（四）演示和讲解密切结合

配合讲解促使学生有目的、有准备地观察，并指导学生进行积极的思考活动。讲解时，语言应简洁生动，可依据实际情况运用边教学演示边讲解、教学演示后讲解或先讲解后教学演示的方法。教学演示只有和讲解密切结合起来，才能有效发挥其作用。

（五）形象鲜明，直观性强

教学演示的内容应具备形象鲜明、直观性强的特点，特别是实验教学演示，必须确保成功。在教学前，教师要充分做好准备工作，仔细检查实验所用的仪器、设备和药品等，并且应预先做几次演示实验。

（六）实事求是

教师是否具备实事求是的科学态度，将对学生的科学态度和科学方法的培养造成直接影响。在进行教学演示时，教师应对出现的意外现象或结果做科学的解释或分析，若一时没办法解释的，也不要忙着下结论。对于未成功的教学演示应在以后的教学中补做。

（七）确保安全

在使用易燃、易爆和具有腐蚀性的物质时应特别小心，严格遵循相关要求与操作流程去做。注意防火、防毒、防触电、防爆炸，保证师生的安全。应准备有应急方案和措施。

二、教学演示技能实训设计

对教学演示技能的实训设计如下：

一是，组织理论学习。组织受训人员集中学习此技能的基本知识理论，使其准确掌握教学演示的功能、类型以及实训要求。

二是，观看教学演示的示范录像。组织受训人员认真观看示范录像，并认真做好记录。指出此录像中教师在教学演示中表现优异和需要改进的地方，并提出改进的措施和建议。

三是，准备以演示技能为主的一段技能实训短片，小组成员可选择相同的课题分别准备。在指导教师的引导下进行角色扮演，小组成员一同观摩角色扮演的录像，并分析、讨论和交流，指出优秀的地方，提出改进意见。经过修改以后再次进行角色扮演。

四是，结合教学见习中的课堂教学，要求受训人员分析其教学演示，了解其意义和作用，并提出进一步的改进意见。

五是，准备一个演示教具，并简单介绍设计思路和演示方法。若是时间比较充足，可进行教学并做演示。

六是，开展演示技能评价实训。

第八节　板书技能

板书技能是指教师在屏幕或黑板上书写和设计文字以及其他符号的方法和技巧。

一、板书技能实训注意事项

（一）了解板书的目的

板书对课堂口语表达来说具有较为重要的辅助作用，可以大大增加课堂口语表达的效果。板书可以使学生听得更准确、更清楚，理解得更正确、更迅速，记忆得更持久、更牢固。但板书有两点忌讳：一是，忌板书过于烦琐。烦琐的板书会将学生的注意力转移至看板书和抄板书上，从而影响学生的听课、理解与记忆。二是，忌不使用板书来辅助讲解，纯粹以最终写出一幅工整、完美的板书为目的，因为此种板书制约学生的思维，特别是制约了求异思维，从而使学生不能以板书来开拓思维。

（二）注意内容的科学性

板书内容要表现教材的知识结构和核心内容。要立足于教学目标，选择适合学生接受并有助于启发学生思维的板书形式。

由于板书留存的时间较长、给学生的印象较深，若是出现错误，会对学生造成较大的负面影响，有些影响甚至不可逆转。因此，教师必须确保板书内容的正确，板书中的每个字均应经过反复地推敲，文字、表格和图示等所表达的意义应准确，具备科学性。

（三）将概括性与系统性密切结合

备课时，教师应在仔细研究教材内容的基础上精心设计板书。设计时，不仅需要考虑怎样系统、有条理地体现教学内容，还应对教材进行加工和提炼，使用精练的语言来表达教学内容。展示给学生的板书既具有概括性又具有系统性，才能有效发挥板书的功能。

（四）重视规范实用且工整美观

板书提纲要写在黑板上相对明显的位置，字体的大小应以使最后一排学生能够看清为准，要写得迅速、整齐、正确，行距、字距还要保持均匀，课题、分题和要点应当层次分明，重难点突出，使学生能够一目了然。在绘图和书写时，应在工整的前提下尽量做到美观。还应重视板书的简洁，图示和词语应直观、简练，在使用特殊颜色做强调标记时应当适度，不要过于追求色彩斑斓，而分散学生的注意力。此外，还要注意站位，不要遮挡板书的内容。

（五）密切配合讲授，及时书写

在课堂教学中，应根据实际情况书写板书。一般分为先讲后写、先写后讲以及边讲边写等三种形式，并且这些形式可交错配合使用。

（六）充分利用板书，启发学生思维

在教学中，教师应充分运用板书的辅助作用，以培养学生的思维能力。例如：有目的地利用不同字体或不同颜色的粉笔，书写不同性质的内容，引导学生从此种区别中寻找各部分内容间的联系等。用好了，犹如画龙点睛，会收到良好的效果；反之则会弄巧成拙。

二、板书技能实训设计

板书技能实训的设计如下：

一是，选择一节课并设计板书，在组内介绍自己的设计思路。

二是，对同一节课，可设计 2 ~ 3 种板书形式，并逐个进行评析。

三是，观看教学视频，分析板书的优点与不足，并自行设计此教学内容的板书。

四是，与讲解等其他技能配合，设计板书技能的实训方案，以小组为单位，

进行角色扮演并录像，进行分析和评价。

五是，使用相同的教学内容，在组内举行板书比赛，要求内容正确、布局合理、字体规范、色彩协调。

第九节　板画技能

板画通常分为示意图和简笔画两种，一般的教师会以简化的示意图来展示事物复杂的关系、结构以及变化过程，引导学生想象，推动学生由形象思维过渡到抽象思维，从而实现对教学内容的理解。

一、板画技能实训注意事项

其一，依据教学目的与教学要求，从教材内容出发，针对教学的重难点和学生思维的特点，精心设计板画的形式和内容，以激发学生的想象，指导学生理解知识和建立物理图像。

其二，注重形象、生动，应能快速唤起学生的直观感受，进而激起学生浓厚的学习兴趣，使学生留下深刻的印象。

其三，视图画法要符合制图的基本要求。在板画中，一个图形中的同一物体不适合使用两种不同画法。有时候，即便是两个不同物体，在同一幅图中也不适合使用混杂的画法，而应当使用同一种画法。

其四，应符合几何学原理，符合科学性，并应使用有关学科的图形符号。

其五，注意简明，要突出讨论的对象，可采用简笔画的形式，把要讨论的局部对象放大夸张。

其六，注意正确表达空间关系，若是要使用立体图，线条应当虚实分明。

其七，在画图前要先找准位置，预估好物象画出以后所占的方位、物体的长宽比例以及各部分之间的关系，力求做到“意在笔先”，如此就不会出现物象比例失调或画不下去的情况。下笔时应肯定，粉笔线应当沉稳、扎实。需注意用笔的程序，先画基本形与基本特征，再逐次加上附件，如果时间不足可适当省去附件，只画基本形与基本特征即可。

其八，在教学设计时应充分考虑黑板画使用的频度，生物课不是美术课，若是板画使用的次数过多，会使部分对绘画不感兴趣的学生产生厌倦，丧失记笔记和练习的动机。

其九，板画应和板书紧密配合。

其十，板画的时间应掌握得当。

二、板画技能实训设计

在实训前，需要先对板画进行学习与临摹，包含基础训练、人物和动物板画训练，然后在指导教师的组织下，进行板画技能实训。

1. 基础训练

学习板画，可从画点练起，接着练习画线，再向画形过渡，也就是运用简练的笔法通过线和线的结合来组成形。

首先，进行点的练习，如图 6–1 所示。

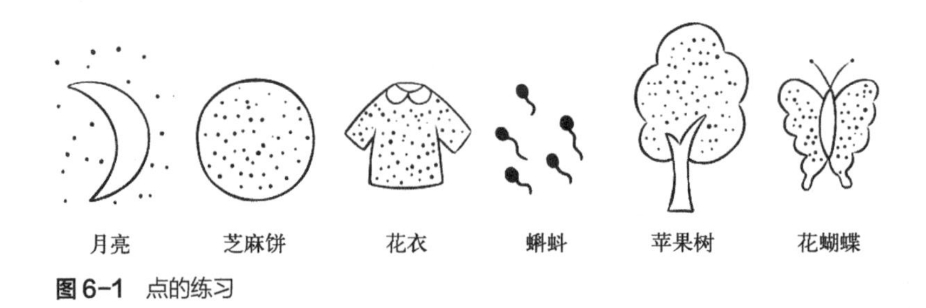

图 6–1 点的练习

其次，是线的练习，如图 6–2 所示。

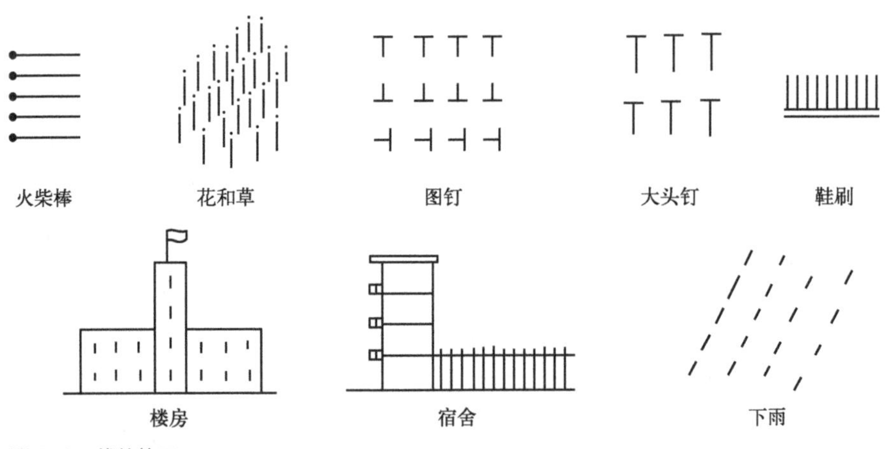

图 6–2 线的练习

受训人员应掌握板画用线的方法和规律，使用铅笔、钢笔和粉笔等工具快速、流畅地进行线的练习，以使线条准确、果断和流畅，进而强化线的表现力。

接着，是形的练习。

自然界中的很多物象，不管其拥有多么复杂的结构与烦琐的细节，均可以简化为基本形。板画正是使用这一基本原理，创造出简略、概括的形象，如下图6-3至图6-8所示。

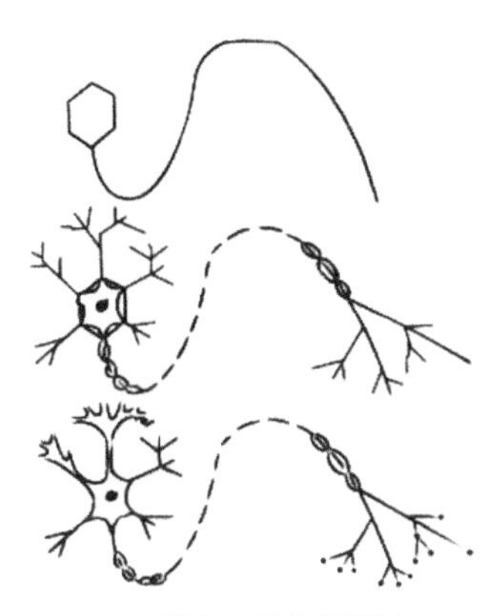

图6-3 神经元结构的画法

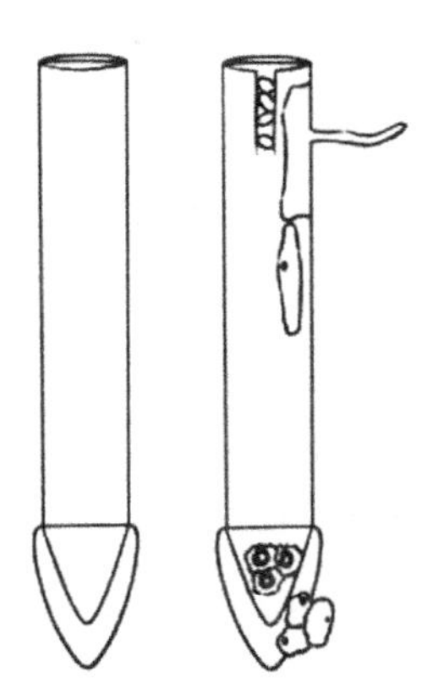

图6-4 植物根尖细胞特点的画法

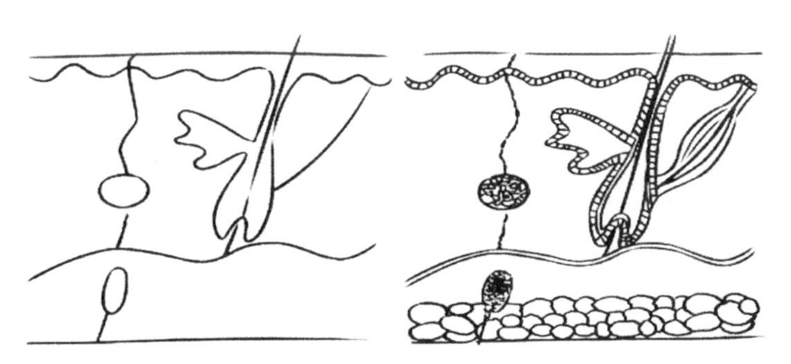

图6-5 皮肤结构的画法

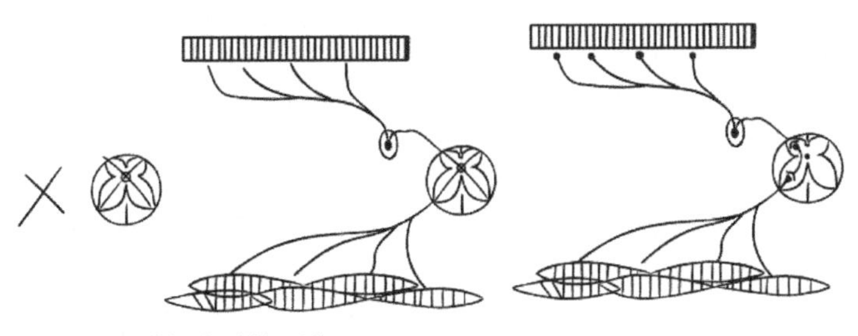

图6-6 反射弧组成的画法

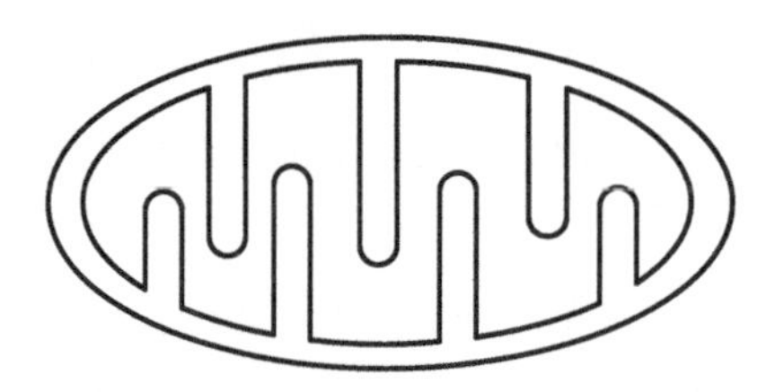

图 6-7 线粒体结构的画法

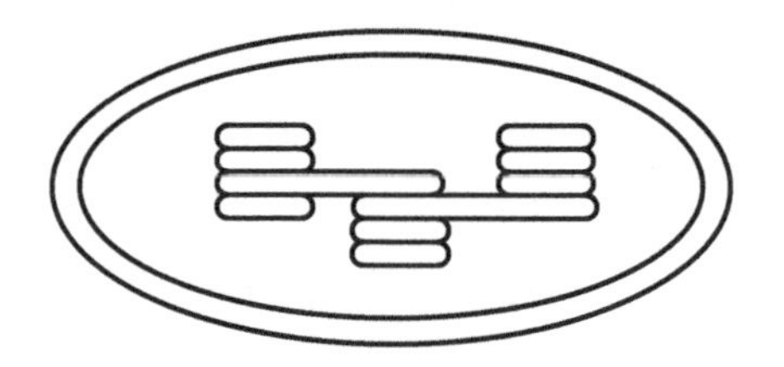

图 6-8 叶绿体结构的画法

只要按照板画的基本步骤，认真研究教学内容中的插图，使用简单几何图形来概括生物体的总体结构，每一位教师均能够设计出拥有个人性格特征的板画。教师也可在当前已有的图形上进行拓展延伸，形成与新内容相互配合的板画。

2. 人物板画训练

人物板画是板画学习中的重要内容，必须通过对人的结构、形体和动态特征等进行学习与了解，掌握使用板画的概括方式对其进行简练概括的描绘，才可在教学中有效利用人物板画。

（1）人物简要画法　如图 6–9 所示。

图 6-9 人物简要画法

一是，一般可使用椭圆形来概括人物头部。

二是，若是要突出人物面部，需要注意脸型的不同特点。

三是，五官特征以及画法。板画的五官和写实性的素描速写是有差别的，因为板画必须做到快捷，所以细致的刻画是无法做到的，也是没有必要的，它只有运用概括的形式才能够与脸部的概括特征保持协调。因此把五官符号化是一种必要的手段。

四是，不同性别、年龄的画法。

五是，不同发型的画法。

六是，不同帽饰、发饰的画法。

七是，头部的角度变化练习。

（2）全身人物的画法要点　学会人物头部的画法只是学会了人物画的一部分，只有学会全身人物的画法，才能够表现更多、更复杂的人物场景。全景人物因人物距离较远，许多细节均可省略。头部抽象为圆，身体与四肢抽象为线段，如图 6–10 所示，其大致比例如图 6–11 所示。

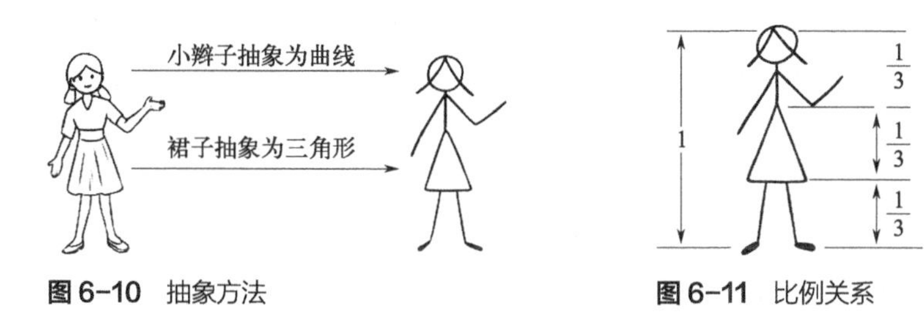

图 6–10　抽象方法　　**图 6–11**　比例关系

笔序安排和写汉字有着相似之处，从左到右，从上到下，用小箭头或数字的位置来示意起笔，用数字的顺序来表示笔序，如图 6–12 所示。

图 6–12　笔序安排

（3）动态人物的画法　如图 6–13、图 6–14 所示。

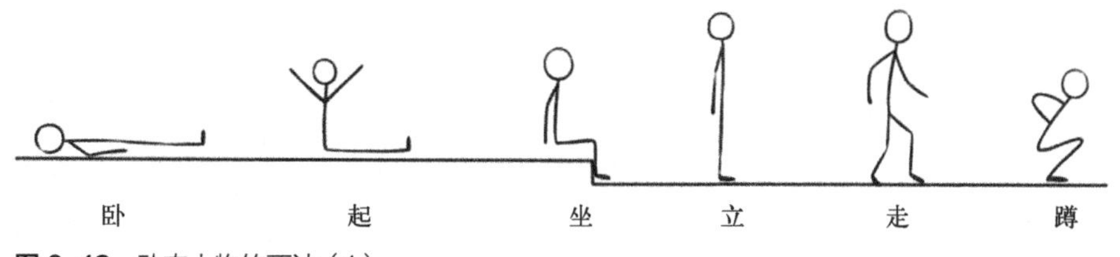

图 6–13　动态人物的画法（1）

图 6-14 动态人物画法（2）

3. 动物板画训练

表现动物时，通常使用全景景别，也就是表现动物的全身。不同的动物具有各自的特点，在绘画时应抓住主要特点来表现，有些可用几何体来概括其形体，表现其动态特征，如图 6-15 至图 6-18 所示。

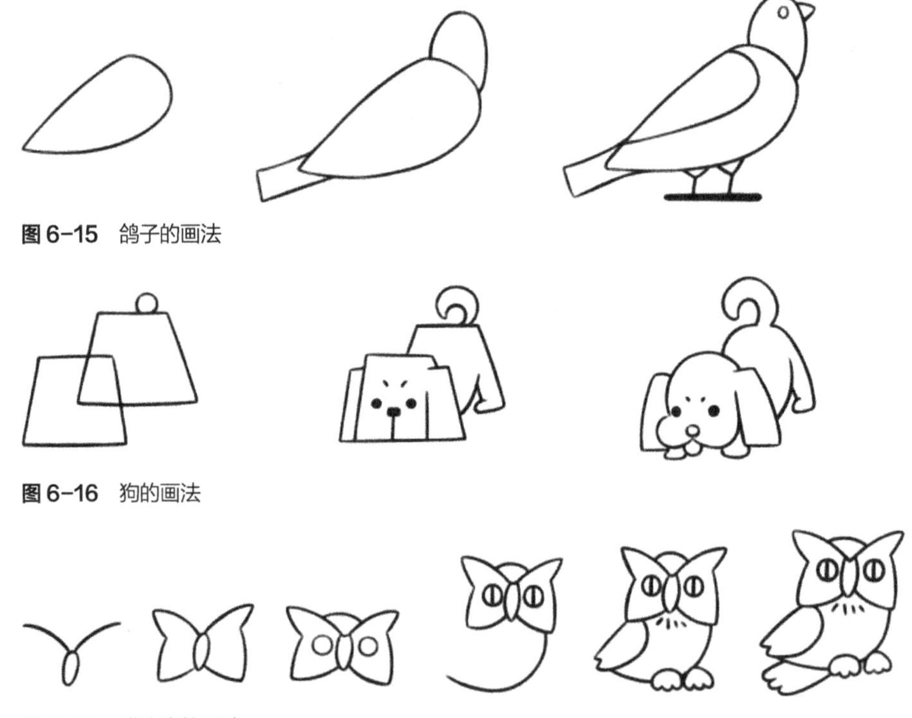

图 6-15 鸽子的画法

图 6-16 狗的画法

图 6-17 猫头鹰的画法

图 6-18 老鼠的画法

第十节　学习指导技能

学习指导技能是以现代信息技术为依托，以多元智能理论和建构主义学习理论为指导，从为学生建构有利的环境条件出发，为推动学生的学习而设定的。

学习指导技能和生物教学实际密切联系，这也就给生物教师提出了新要求，生物教师应当做到如下几点：

一是，具备现代教育理念，在生物教学中应以学生为主体，培养其实践能力和创新意识。注重学习问题的探究，充分发挥学生的主体性，切实贯彻现代教育观念。

二是，能够对学生的学习情况进行科学、准确诊断，及时掌握学生学习的成效及其原因。并能够针对导致此成效的原因来确定指导学生学习的策略，然后将制定的指导策略及时、有效地进行落实。

三是，提高元认知的指导，通过对学生进行元认知体验、元认知知识以及元认知监控学习的指导和具体学习活动的指导，帮助学生认识自身的思维方式和学习方式，增强学习的自我调节能力、自我监控能力和自我反思能力，进而改进自身的学习方法，提升学习效率。

四是，创建和谐民主的教育环境，有效利用所有资源，为学生建设有助于学习的情境。在使用资源的过程中，教师应指导学生养成获取、加工和利用信息的能力，充分激发学生学习的主动性，发挥其潜能，促使其真正学会学习。

第十一节　提供学习支架技能

为了开展有效的教学，生物教师在教学中应从多个方面为学生的学习提供支持，而学习支架就是其中极为重要的一个方面。学习支架是教师现代教学技能最集中、最充分的表现。为了使全体学生都能够获得发展，教师需依据学生的实际状况，创建合理的教学条件，此教学条件实质上就是为学生提供多种有效的学习支架。

学习支架的设计主要包含两个步骤：一是，计划怎样把学生从已知引入到对新信息的深入理解；二是，在实施过程中为学生的每个学习环节提供支持与帮助。良好的学习支架能够促使学习者将知识内化直到彻底掌握，进而实现预期的教学效果。因此，生物教师在设计学习支架时需注意以下几个原则：

其一，适时性原则。学习支架与学习资源为学生提供的支持相比，拥有更高的适时性，教师应在学生需要帮助时及时提供适合的支架。

其二，引导性原则。学习支架意在引导学生，而非代替学生完成或直接给出答案。

其三，个性化原则。不同水平的学生需要不同程度的学习支架。通常来说，学习任务的难度越高，学习支架提供的也就越多。

其四，动态性原则。随着学习的发展，学生的最近发展区也会随之发展，是动态变化的，所以学习支架也要进行调整。

其五，多元性原则。这里的多元是指支架角色的多元，支架并非仅由教师提供，家长、同学和专家，甚至学生自身都可提供支架。许多计算机软件也都嵌入了支架的功能。

其六，渐退性原则。当学习者可承担更多责任时，支架就需要逐渐移走，留给学生广阔的意义建构空间。

第十二节　说课技能

说课是指在备课的基础上，教师面对评委或同行，在 10 ~ 15min 内，根据教育理论、课程标准、教材内容、教学条件和学生情况等，陈述教学目标，分析教学任务，讲解教学方案，随后让听课者评说，以实现共同提高的一种教学研究方式。

一、说课技能实训注意事项

（一）拥有科学性

学情分析准确客观，教材分析正确透彻；教学目标符合学生实际、教材内容和课标要求；教法设计符合学科特点，紧扣教学目标，有助于提高学生能力，具有极强的可操作性。

（二）体现创新

创新可以是细微的，例如一个观点、一个例题、一个别致的设计和一个环节等。在课堂教学的设计上，导入要新，过程要实，结尾要巧。对于教学的重点和难点，可通过组织教学高潮，形成教学特色。

（三）准备充分

在熟练掌握教材的基础上，教师还要制作说课稿。事先准备好说课所需要的教具，如挂图、尺、小黑板、幻灯片、卡片和录音录像等用具，以及板书和表演所需的图形和饰品。说课时依据情况做必要的演示和介绍。

（四）语言恰当

说课时间通常是 20 ~ 25min，因此，教学语言应尽量简练，不要过分追求全面。说课要与板书相配合，避免口头空讲或泛泛而谈。注意语速、语气、语调、语量和语感。切忌背说课稿。

（五）联系实际

说课应以科学理论为指导，应展示现代先进的教育思想，力求言之有据、言之成理。说课的相关理论应随说课的步骤有机提出，使“教理”和“教例”有机地融合为一体。

（六）重点突出

说课应围绕教学目标的确定、教材中重难点的分析、重要知识点的教法设计和巩固训练等几方面内容来进行。

二、说课技能实训设计

说课技能实训的设计如下：

（一）组织理论学习

组织学员学习说课技能和与之相关的辅助技能的理论知识，使其明确说课的含义、类型、模式和特点，掌握说课教案设计的主要内容。

（二）观看示范录像

导师组织学员认真观看示范录像，结合学习的理论知识，师生一边观看一边分析，进一步掌握说课的内容和主要程序。

（三）确定授课内容

学员可任选中学生物教材中的一节课进行说课技能的实训。

（四）设计说课教案，组内交流备课情况

说课者设计一个 15 ~ 25min 的教案。导师指导各组学员交流备课情况，互相取长补短；并按照交流，各自对教案进行重写或修改。

（五）说课者的教学实践

说课者使用修改后的教案进行说课，其他学员充当学生并认真听讲，记录试讲者在教学过程中的优点和需要改进的地方。

（六）反馈评价

重放录像，进行自我分析和讨论评价。学员与指导教师一起评价说课过程，讨论存在的问题，并指出努力的方向。

（七）修改教案

说课者按照讨论评价中提出的问题，主动、积极、认真地对说课教案进行修改。

（八）再循环训练

依据修改后的教案再次进行训练，循环上述（五）~（七）环节。对于存在问题较多的学员则开展循环训练。

第十三节　评课技能

评课是对授课教师的教学成败、得失进行评议的一种活动，也是教研活动和学校教学中常见的一种基本形式。

一、评课技能实训注意事项

评课并非单项环节，其与听课密切联系。若想培养评课技能，就需要认真准备听课，做好听课记录和课后调研整理等。

（一）认真准备听课

教师需要做到以下几点：一是熟悉课标，掌握教材；二是确定重点，把握方向；三是确定量标，设计量表，一般是设计课堂记录表、课堂观察量表和课堂教学评价表。

（二）做好听课记录

为尽量降低对授课教师的影响，评价者应提前进入教室，坐在教室的角落或后面，以免妨碍授课教师正常的教学。

依据评价的重点，注意观察并有选择、有目的地进行记录。例如，记录授课教师的导入和过渡,通过分析导入是否能吸引学生的注意力和过渡是否衔接自然，来分析教师的教学方法、教学设计和教学效果；记录学生出现的典型错误和问题，以及学生在听课和小组活动中的表现，通过分析可了解学生的学习效果等。

（三）课后调研整理

课后应及时对听课内容进行整理：一是，再次梳理课堂教学的思路和过程，以便于分析与评价授课教师的教学设计和教学结构的安排；二是，整理、分类、补充教学中的重要细节和内容。

课后调研时，应搜集各个层次的学生对课堂学习的评价和反映，了解其感受和体验，尤其是研究性评价和诊断性评价，以确保评课的科学性和客观性。

掌握教学评价的重点后，拟定评价提纲。例如，本课主要特点，存在的优点和不足之处，教学建议；以及进行探讨的问题等。

二、评课技能实训设计

评课技能实训的设计如下：

一是，认真学习评课的相关理论知识，了解评课的含义、原则、类型和功能，掌握评课的主要内容。

二是，观看评课示范录像，与相关评课的理论结合，一边观看一边分析，分析评课的重点在哪里，应从哪些方面开展。小组成员结合录像中所展现的教师的主要教学技能，进行教学技能的评价；再从教师素质、教学态度、教学理念、教材处理、教学目标、教学方法、教学过程、学法指导和教学效果等方面选择 2 ~ 4 项，进行评课。

三是，播放学员的教学录像，导师和学员一同评价此学员的教学目标和技能目标的达成情况。要求全体学员每人至少指出 2 项优点和不足的地方，并提出改进建议。

四是，评课技能的实训实质上要落实到每项技能的训练中去，评课后，应依据实际情况判断是否还需要再次进行试教。

第七章
现代生物师范生教师专业能力建设——实践实训（二）

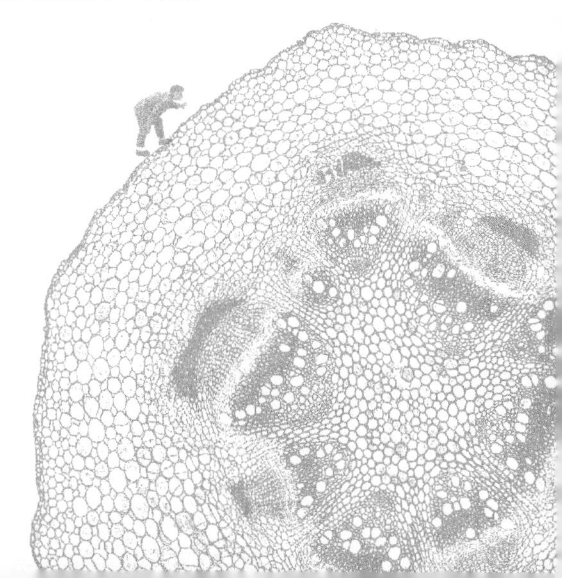

教学技能是教师组织与开展教学工作所必须具备的专业职能，也是教师的职业专长。熟练掌握一定的教学技能是一位合格教师所必备的专业素养。教师具备娴熟的教学技能，不仅能够取得良好的教学效果，还能够推动教师自身的专业发展。但不管是什么技能，都不是与生俱来的，需要后天的刻苦训练。

第一节　课堂教学组织技能

良好的课堂秩序和课堂环境是教学能够顺利开展的重要条件。在教育教学改革思潮的推动下，教学活动逐渐确立了学生的主体地位，从而使学生以更加灵活的思维方式，更加宽广的知识视野和更加活泼主动的行为举止参与到教学活动之中。在此种情形下，教师的课堂教学组织能力获得了较大的发展，成为决定教学成败的重要因素之一。因此，课堂教学组织技能也成为教师必备的基本功之一。

一、课堂教学组织技能的概念及其意义

课堂教学组织技能是指在教学过程中，教师持续组织学生注意、引导学习、管理纪律，营造良好有序的教学环境，指导学生实现预定课堂教学目标的行为方式。教师的课堂教学组织是课堂活动的“支点”，其影响着课堂教学进行的方向，并贯穿于整个教学过程的始终。它也是实现课堂教学有序开展的保证，可有效控制课堂纪律混乱的局面和调控学生的不良学习行为，将学生引入到正确的学习轨道上来，有助于培养学生养成良好的学习行为习惯。

二、课堂教学组织技能的构成要素

课堂教学组织技能其实是一种综合性的教学技能，除其他技能的构成要素对其产生影响以外，课堂教学组织技能还受到以下五个要素的直接影响。所以教师必须要深入了解这些要素的作用和含义，熟练掌握这些要素的组合技巧。

（一）提出要求

提出要求的作用不仅在于维护课堂的秩序，还在于持续凝聚学生的注意力，使之清楚地了解每个教学步骤和教学环节的意义，从而促进教学活动的顺利开展。

因此，提出要求并非单纯地告诉学生需要做什么，而是向学生说明应开展什么活动，为什么开展，怎么开展的问题，以及活动纪律和时间等方面的具体要求。提出要求，不仅要在课程开始前对学生进行总体说明，还应在各个知识点或教学环节的衔接点做出交代。

（二）安排程序

在提出要求之后，有时候还需向学生进一步说明开展某项活动的具体程序，以便使学生在总体上依照同样的步骤去完成一项共同任务，在相同时间内实现同一目标。

在安排学生观察、讨论、自学和游戏时，均需教师预先制定好操作程序并对学生进行说明或讲解。教师可在提出要求后对这些程序进行总体说明，也可在学生活动过程中逐步进行阐释，也可两方面兼顾。

（三）指导与引导

在前两个要素的基础上，教师还需在课堂教学的过程中对学生进行进一步的引导与指导。引导，注重对学生注意力的转移和思维的启迪，可确保教学过程的连贯和学生学习思路的通畅，因而它多运用于观察、听讲和讨论等方面；指导，注重对学生动作方式与操作方法矫正或肯定，可确保学生及时了解应该如何行动，以锻炼其基本技能，因而引导多运用于观察、练习和自学等方面。

（四）鼓励与纠正

这是教师对学生期望心理的一种回应，也是对学生活动效果的一种反馈。教师及时地鼓励与纠正，不仅可以加强教学组织，还可以维持学生的积极性与主动性。鼓励与纠正的时机十分重要，需在学生活动产生一定的效果以后进行。过早或过晚的鼓励或纠正，都将会削弱学生的积极性和进取心。同时鼓励与纠正还应注意密切结合，尽量避免单一的鼓励或纠正。鼓励与纠正都应具备迅捷性和即时性，故而在教学中除了使用语言外，手、眼的示意也非常有效。

（五）总结

总结是对学生活动情况与取得效果的全面评述，也是对教学信息的进一步强化。教师在总结时，应简明扼要，具体包括两方面：其一，对本节课内容的结构化综述；其二，对学生活动状况，例如纪律、态度、成绩和不足等问题的评价。

三、课堂教学组织技能的要点和应用原则

（一）明确目的，教书育人

教书育人是教学组织的重要任务。课堂教学组织的作用，是使学生明确学习的目的，热爱科学知识，养成良好的行为习惯。在各个学科的教学中，均融入了许多的德育因素，在教师传授知识的同时对学生开展思想教育，最有说服力和吸引力，教育效果也最好。在教学过程中教师高度的责任感，精湛的教学艺术，严谨的治学态度等，对学生都有着潜移默化和言传身教的作用。这些既可以影响学生的学习态度，还会影响其纪律行为。

（二）了解学生，尊重学生

每一位学生都有各自的爱好、兴趣和个性特征。在教学中，教师需准确了解和掌握学生的不同特征，运用不同的方法或手段对其进行管理和教育。例如，对于体质较差或有消极情绪的学生，应采用鼓励和提醒的方法；对于缺乏自制力的学生，则要多进行指导和督促。在对学生进行教育与管理时，必须充分尊重学生的人格，坚持正面教育，以表扬和鼓励为主，激发积极因素，克服不良因素。因此，有丰富教学经验的教师会在发现学生思想走神的时候，通过其他方式对其进行暗示或引导，而不是一味地批评与指责。即使是批评学生也要顾及学生的心理，不能当众斥责，否则学生极易产生逆反心理，这种情况通常是课上冷处理，课下解决问题。

（三）因势利导，灵活应变

教育机智指的是教师对学生活动的敏感性，能够对学生所出现的意外情况迅速做出反应，及时采取恰当的措施。主要表现在机敏的应变能力，能够因势利导，将不利于课堂教学的学生行为引导到有益的集体活动或学习方面上来，恰当地处理个别学生的问题；或按照实际状况，灵活地使用多种教育方法和教育形式，有针对性地对学生实施教育。

（四）重视集体，形成风气

一个具有良好课堂风气的班级，学生可在集体中获得潜移默化的教育和熏染，这样的班集体会形成一种独特的气氛，此种气氛能够使学生感受到温暖，令人振奋。若是有不守纪律的学生进入到这个班级，也会有所收敛，进而逐渐改变自身的行为，养成良好的行为习惯。集体与个人的精神世界是互相影响的。每个人都能够从集体中汲取到有益的东西，从集体中获得帮助与关心，在集体的推动下不断成长发展。而每个人丰富多彩的精神世界，又使得集体生动活泼，充满无限生机。

（五）沉着冷静

遇到事情沉着冷静、不焦躁是教师所必备的一种心理素质。其是以对学生的理解、尊重和热爱以及高度的责任感为基础的。只有如此，教师才能够在出现意外事件时，沉着冷静，不被一时的情绪冲昏了头；才能够公平、公正地对待每一位学生，维护和尊重学生的自尊心，引导学生进行学习。在解决问题时，教师应时刻牢记自己对学生、对社会所担负的责任，思考自身行为的后果，从教育的根本目的和根本利益出发，解决好教学中所出现的各种复杂问题。

四、课堂教学组织技能的主要策略

有效的和常用的课堂教学组织技能的策略主要有以下几种。

（一）用情感组织教学

当代的教学论指出，教学过程是教师与学生之间情感沟通和心理互换的过程。利用情感的传递来影响学生，能够起到非常好的组织教学的效果。当学生注意力不集中或慌乱时，教师的专注与平静，能够使学生受到感染而集中注意力；当学生精神疲乏时，教师饱满的精神和激昂的情绪会使学生受到影响而重新打起精神来；教师对学生的尊重、热爱和信任，会准确传达给学生并产生一种神奇的力量；当教师进入意境，情感充沛地讲授时，也会引发学生感情上的共鸣。因此，教师的情感在教学过程中有着异乎寻常的作用。

（二）用目光环视组织教学

教学实践证明，教师富有表现力的眼睛，往往胜过生动的语言。慌乱中的、走神的学生，一旦看到教师注意自己，就会迅速平静下来。用目光环视全班，使每个学生都在自己的目光注视之下“一览无余”，常常可以收到“此时无声胜有声”的效果，达到组织教学的目的，以保证课堂教学的顺利进行。

（三）用语言艺术组织教学

从组织教学方面来看，教师的语言艺术具有至关重要的作用。在教学过程中，教师可以通过语速和语调的变化，运用富有感染力、幽默感和鼓动性的语言来吸引学生，使其集中注意力，认真听讲。因此，运用语言艺术来组织教学，是教师开展课堂教学的一项重要技能。

（四）运用注意规律组织教学

除上述几点以外，教师还需要擅长利用学生的无意和有意注意之间的相互转化规律组织教学，使教学活动成为有趣的事，让学生乐此不疲。若是仅凭无意注意，则无法较好地完成教学任务，因为无意注意不能持久，一般会随着特殊刺激的减弱而逐渐消失；而有意注意持续的时间过久，脑细胞也会因此而产生抑制现象。所以教师还应善于将有意注意转变为无意注意，促使二者巧妙结合，交错有致，以利于成功组织教学。

五、课堂教学组织技能的实施

组织好教学是对教师的基本要求，也是增强教学质量和教学效果的关键所在。那么，怎样组织好课堂教学，就成为摆在每位教师面前的一个不容忽视的问题。

（一）充分理解组织课堂教学的重要意义

课堂教学是教师传授学生知识的主要途径，是抓好课堂纪律、组织好课堂教学、增强教学效果的重要方面，也是教风好坏的直接表现。课堂教学既关系到教师本人的威信，关系到学生的进步，也关系到学校的名誉。教师需先了解组织好课堂教学的重要性，才能更好地组织课堂教学。

（二）自身拥有丰富的专业知识

俗话说“打铁还需自身硬，绣花要得手绵巧”。作为一名合格的教师，只有拥有丰富的专业知识，才能做到“传道、授业、解惑”。当然，除具备自身已有的专业知识外，还需要与时俱进，不断积累新的知识。

（三）精心设计课堂教学环节，营造和谐宽松的课堂氛围

课堂教学是艺术的园地，应是百花齐放的。评价一堂课好坏的标准，不是看这堂课多热闹，讲了多少内容，而是看学生是否进行了积极的思考，教师的讲解和学生的思考之间是否有一根无形的线紧密联系着。一节课讲得成功、生动，关键不在于学生和教材，而在于教师。教师若是将教学环节制订得合乎情理，那不管是什么样的内容，都能吸引学生认真听讲。

（四）在课堂教学中，掌握并运用有效的教学方法

在拥有丰富专业知识的基础上，教师还需要具备传授给学生知识的教学本领。若是教师空有一身学问，但却无法讲出来，也是不可能组织好课堂教学的，自然也无法成为一名合格的教师。这证明教学方法也是一个关键所在。教师能否把所要传授的内容顺利传达给学生，学生是否能够轻松地吸收和消化教师所传授的内容，这都取决于教师是否能掌握并运用好教学方法。由此可见，掌握并合理使用恰当的教学方法，是教师组织好课堂教学的一个重要因素，所以需要教师在此方面多下功夫。

总而言之，组织好课堂教学是一种能力。此种能力的获得与提升，需通过教学实践的不断磨炼。

第二节　生物多媒体课件制作技能

生物多媒体课件是信息技术在生物教学中的具体表现形式。对于教学来说，课件就是教材，虽有很多种表现形式，但其中心必须是面向学生，完成生物课程的目标，课件设计时要求规范、科学。不管是使用他人的课件，还是自己制作的课件，都必须仔细审视，经过认真思考以后，才能运用到教学中去。

一、生物多媒体课件制作的基本要求

（一）要素分析

作为一门自然学科，生物学有着丰富的生物形态结构、生命特征、生理功能和探究实验等内容，使用多媒体课件能够将这些内容生动形象地表现出来，有利于教师突破教学的重难点，提高教学质量和效率。

生物多媒体课件由以下六个要素共同构成。对每个要素的认识以及各个要素之间的协调设计都对课件的制作起着关键性作用。

1. 文本

主要指文字、符号和数字等内容，是课件的主要元素之一。文本具有多种字体、字距、字号、颜色以及行距，因为正文、标题和注解等的不同功能，课件中一般使用不同的文字形式来进行区分。

2. 图像

生物课件利用图片展示，可加强学生对事物的感性认识，并为理性认识的飞跃创造条件，也能调动学生的形象思维，从而使学生更快、更牢固地掌握抽象概念。

3. 声音

生物课件借助声音，可提升课堂教学的感染力。合理运用声音，可极大加强课件的实用性、可观赏性、生动性，并可提高使用的效率，进而影响学生的学习积极性和学习效果。声音在课件中的使用主要通过三种形式：解说词、背景音乐和音响效果。

4. 动画

动画也是多媒体课件的一个重要构成要素，它可以将抽象的知识生动、直观地表现出来，还可以形象地对宏观和微观的事物进行模拟演示。在多媒体课件中，动画主要有二维动画和三维动画两种。目前，国内比较流行的二维动画软件是 Flash 软件，三维动画软件是 3D MAX 和 Maya 软件。

5. 视频

视频在时间上的压缩和扩展，能够演示和空间、时间相关的生物学原理与过程，展示无法直接观察到的事物，进而达到特定的教学效果。

6. 颜色和布局

生物多媒体课件的颜色和布局，对于教学使用效果有着较大影响，主要有以下作用：注重信息的内容和格式；对信息分类，以区分不同类别的信息；将学生的注意力吸引到重要信息上，以达到突出重点的效果；利用颜色的心理暗示，提高视觉效果，使学生产生轻松愉快的心情，增强其学习兴趣，缓解疲劳。

（二）课件制作

生物课件可自由使用不同的软件制作，较为常用的有 Flash、Powerpoint 和 WPS 等软件。但无论使用哪种软件，多媒体课件都是在教学设计的基础上编写脚本，再进行制作的。以 Powerpoint 为例，课件制作整体可分为四个方面。

1. 文字内容编辑

这里应强调知识的简洁和准确，还要充分考虑字体的选择与颜色的协调搭配。文字内容编辑时，应依据文本素材的要求和基本特点，使文本投射在屏幕上时比较清晰，颜色的选择也应和教学内容保持协调。

2. 图片、视频和音频的插入

图片、视频和音频经过处理之后，依据教学内容的需要，插入到对应位置。常用的方法是选择菜单栏中的“插入”，对于要插入的视频，可在对象上点右键，选择“编辑视频”来设置视频的声音大小、播放时全屏以及播放的方式和次数。

3. 自定义动画和幻灯片切换设置

课件是课堂教学的辅助手段，在展示过程中，过多的操作反而会增加教学的“负担”。合理设置自定义动画可降低操作中的点击次数，还能使课件显得更加生动活泼。幻灯片切换使用比较多的是利用自动切换的功能，通过时间的设定，使幻灯片依序播放。若是其和自定义动画适当组合，还会产生一些特殊效果。

4. 课件的调试和打包

生物课件制作完成后，应配合试讲进行调试，在调整好自定义动画和幻灯片切换的时间以后进行打包。制作的课件中若是插入有视频和音频，但未进行打包，当把课件拷贝到其他电脑时，视频与音频将只是一个图片，无法进行播放。

二、生物多媒体课件制作实例与评析

（一）课件制作评价标准

多媒体课件是用于开展教学活动的教学软件，教师应在一定的教学理论和学习理论的指导下，根据学生的认知规律和学习目标，设计体现某种教学内容和教学策略的课件。课件应直观、形象、快捷、生动、高效，并拥有参与交互的功能，以利于优化课堂教学，促进素质教育。

1. 制作要求

依据教学设计内容制作课件，制作的平台不限，制作时间不超出一个小时。

2. 课件制作评价标准

课件制作的评价标准，具体如表 7–1 所示。

表 7–1　课件制作评价标准

评价内容	评价标准	分值 / 分
科学性（24 分）	课件取材适宜，内容正确、科学、规范	12
	课件演示符合现代教育理念	12
教育性（40 分）	课件设计新颖，能反映教学设计思想，知识点结构清晰，能激发学生的学习热情	40
技术性（20 分）	课件制作与使用上合理运用多媒体效果	10
	操作快捷、简便，交流方便，适用于教学	10
艺术性（16 分）	画面设计拥有较高的艺术性，整体风格相对统一	16

（二）案例与评析

以“生物学基础认知”这一节的教学课件为例，具体如图 7–1 至图 7–11 所示。

生物学基础认知

图 7-1 教学课件 1

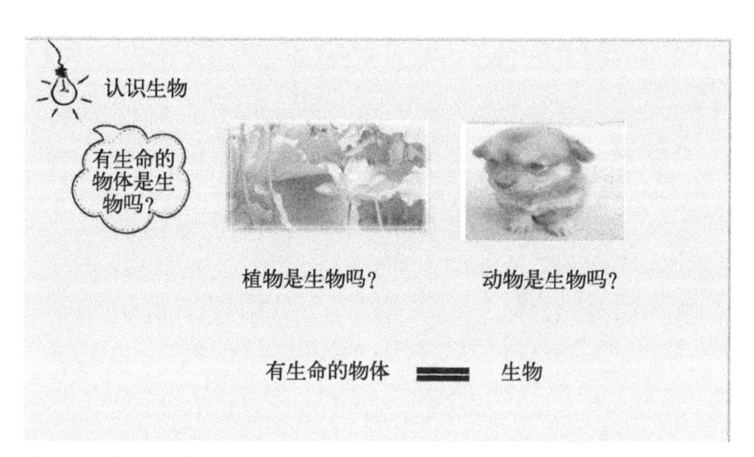

图 7-2 教学课件 2

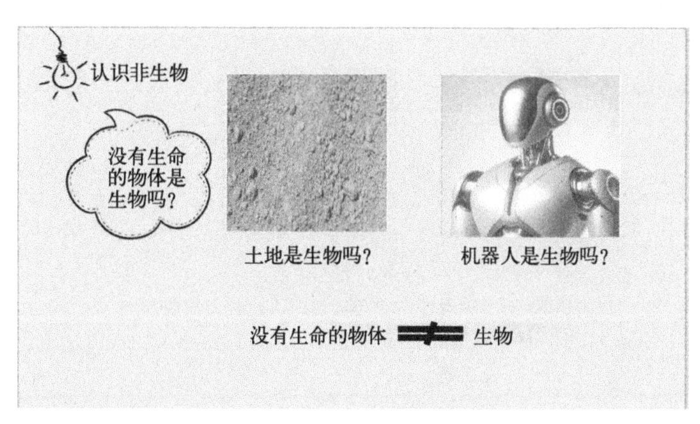

图 7-3 教学课件 3

图 7-4 教学课件 4

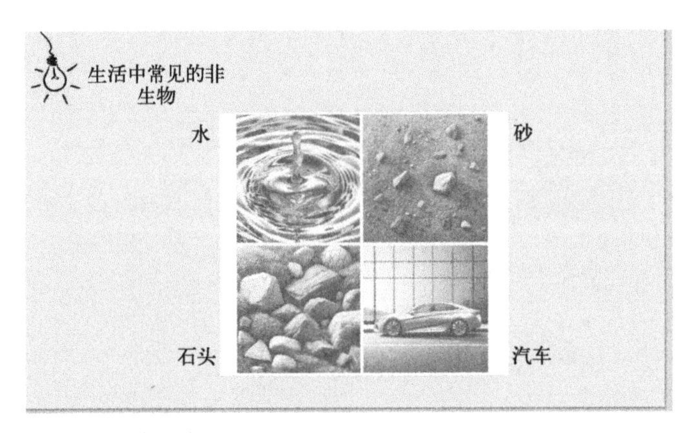

图 7-5 教学课件 5

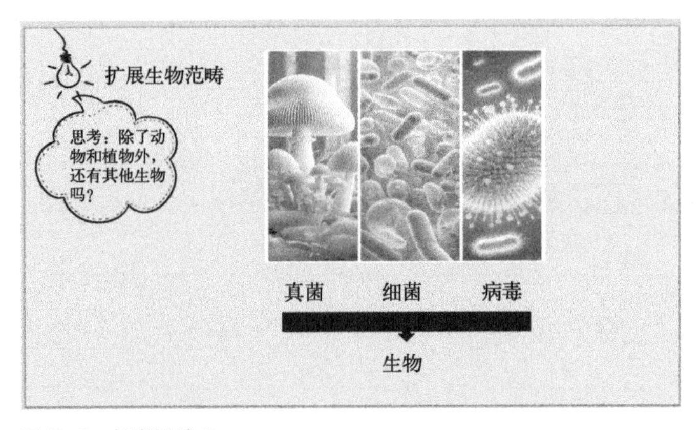

图 7-6 教学课件 6

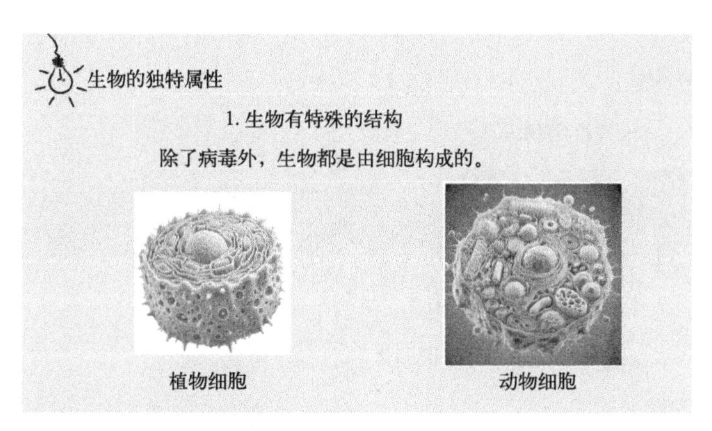

图 7-7 教学课件 7

图 7-8 教学课件 8

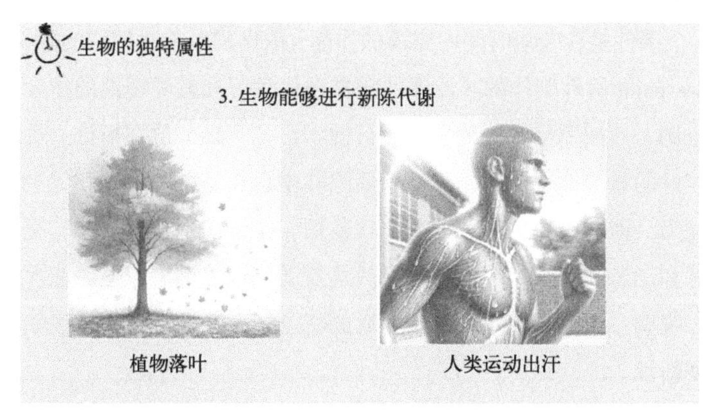

图 7-9 教学课件 9

图 7-10 教学课件 10

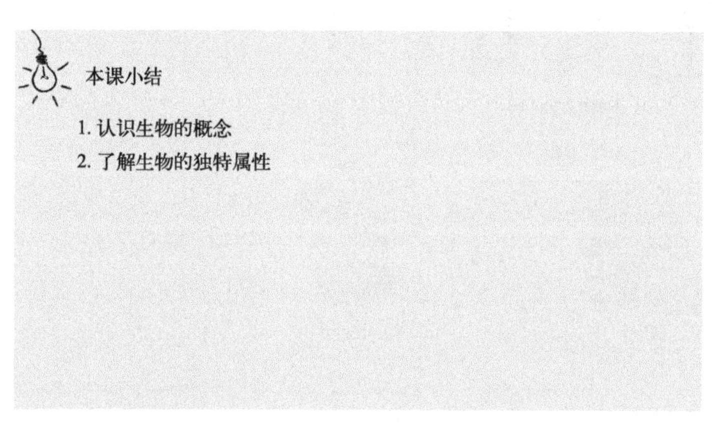

图 7-11 教学课件 11

评析：这个课件是在较短时间内完成的作品，依据现场临时抽选的教材内容，独立使用 Powerpoint 软件制作的。此课件能在现代学习和教学理论的指导下进行设计，色彩协调，界面简洁，围绕主题进行教学，各个环节层层衔接，符合教学实际，具备较好的教育性。能够比较好地反映教学思想，重视启发和促进学生思维，培养其能力，课件组织的表现形式合理新颖，符合课堂教学规律。充分使用选择按钮控件和动态文本输入控件，挖掘教学互动作用，拥有较强的技术性。合理运用文本、视频、图片和色彩等基本元素的特点，创造性地解决了教学问题，具有一定的创新性。

第三节　生物实验教学技能

一、生物实验教学技能的概念

生物实验教学技能是教师以一定的教学目的为中心开展有效实验教学所必备的基本技能和素质。生物实验是人类认识和了解自然的重要手段和方法，因此生物实验教学技能也是生物教师的重要岗位技能之一。

二、生物实验教学技能的构成要素

生物教师应拥有娴熟的生物实验教学技能，这既是职业本身的要求，也是培养学生生物实验素养的需要。从中国基础科学教育的实际状况来看，生物教师需具备以下几项实验教学技能。

（一）实验准备技能

实验准备工作是顺利完成实验教学目标的首要保证，教师的实验准备技能与实验教学的进程安排、实验教学质量紧密相关。此类技能主要包含以下三方面：一是精心进行实验教学设计；二是实验准备应符合实验的类型；三是考虑周到，实验材料放置有序。

（二）演示与指导学生实验的技能

演示与指导学生实验是每个生物教师所必备的教学基本功和基本职业技能。因此，生物教师应该熟练掌握各种演示实验的基本要求和技能。总结起来，此类技能主要包含以下几方面：一是，提出观察问题的技能；二是，展示与表达演示实验内容的技能；三是，示范实验基本操作的技能。

（三）运用科学工具与技术的技能

运用科学工具与技术探究解决实验问题也是生物教师所必须具备的专业技能之一。在生物实验教学中，使用科学工具与技术的技能主要有以下几类：实验材料获取技能；器具使用技能；实验材料的处理技能，药品试剂的配制使用技能等。

（四）实验教学评价与交流的技能

由于生物实验教学的特殊性，其评价的出发点与课堂教学评价、具体内容评价等有所差异。从教学技能方面来看，实验教学评价应涉及以下几方面：一是，对所要解决的实验问题的认识；二是，实验方案设计的合理性和科学性，实验方法与途径选择的有效性；三是，实验准备的质量；四是，实验中控制条件和变量所采取的策略和方式；五是，实验操作、观察实验现象和记录实验数据的准确性；六是，实验报告和结论的正确性；七是，实验中的交流和合作的情况。

综上，实验的评价应当注重全员参与，注重过程，注重应用，注重体验，注重实效，注重学生对实验技能和方法的掌握，注重学生的实验能力是否得到增强。

（五）实验研究的技能

生物教师还需具有改进实验与探索实验新方法的技能，也就是在研究生物相关实验的基础上，创新或改进实验方案，以实现更好的生物实验教学效果。

另外，利用现代教育技术手段的技能、开发与利用实验教学资源的技能，也都是生物教师所应具备的实验教学基本技能。生物教师应在教学实践中不断地加强和充实自身的实验教学技能。

三、生物实验教学技能的实施

（一）生物实验教学技能的实施要求

生物实验教学不仅是一个学习和理解的过程，也是一个科学探究的过程。所以在使用实验教学技能组织与开展实验教学时，应充分体现出不同类型实验教学的特点，把培养与加强学生的生物实验素养当作重要的出发点。

1. 演示实验教学的要求

演示实验是实验教学的主要形式之一，因此实验教学形式主要应用于教学中，所以要求生物教师要格外重视演示实验和课程内容教学的协调与配合，并要注意以下几方面的技能要求：一是，做好充分准备，以保证演示实验的成功；二是，重视演示实验的示范性；三是，提高演示实验的直观效果；四是，善于启发讲解，引导学生思考；五是，确保实验安全；六是，实验装置力求简单，操作尽量迅速。

2. 指导学生实验的要求

在实验室中，学生参与实验学习活动是在生物教师的指导下独立进行的。因此，教师在指导学生实验时应注意以下几点技能要求：其一，认真做好生物实验课前的准备工作；其二，增强实验教学中的组织与指导；其三，重视实验报告、交流与评价。

（二）生物实验教学技能的评价

这是教师教学评价中的一个重要构成部分，用于评价教师的实验教学技能，推动其实验教学技能水平不断提升，是全面加强教师实验教学技能的根本保证。因此，构建生物实验教学技能的考核指标体系与考核标准十分重要（表 7–2）。

表 7–2　生物实验教学技能的评价标准

实验教学技能	评价内容	评价标准				
		优	良	合格	不合格	权重
实验准备	1. 实验仪器和材料准备充分，摆放整齐有序					0.2
	2. 注意某些生化试剂的安全性					
	3. 准备好废液缸和垃圾桶					
	4. 进行多次预实验，探索最佳的实验仪器、材料和实验方法，预测实验中可能产生的问题					
	5. 清晰、透彻地分析实验中实验教学内容、学生的现状及需要					
实验演示	1. 演示时，教师操作规范、准确					0.4
	2. 演示内容符合生物教学的要求					
	3. 演示的实验现象生动直观，有足够的可见度，面向所有学生					
	4. 在演示过程中，指引学生对实验现象进行有目的的观察					
	5. 演示过程保证安全，预防出现伤害事故					
	6. 演示完成以后，及时进行总结，明确观察的结果，指引学生积极思考					

续表

实验教学技能	评价内容	评价标准				
		优	良	合格	不合格	权重
实验指导	1. 帮助学生认识和掌握实验的原理，明确实验的目的、要求和操作程序，并指导学生设计实验					0.4
	2. 说明正确使用仪器的方法并做出正确的操作示范，使学生掌握正确的操作要领；及时发现学生在操作过程中出现的问题，并进行有效指导和纠正					
	3. 操作结束以后，指引学生对实验结果进行总结、思考，并做出合理的评价					
	4. 指导学生有计划地回收仪器，清点器材，加强学生爱护公物、爱护仪器的思想意识与自觉性					

第四节　出卷、阅卷与评卷技能

纸笔测验是一种通过书面方式作答的评价方法，包含传统的笔试、能力测量和教学测量等多种形式。其中，笔试主要是为了考核知识技能，在新课程的学习评价中依然拥有重要的意义，是纸笔测验的重要形式。这里，主要对笔试的出卷（命题）、阅卷与评卷等技能进行论述。

一、出卷技能

（一）试卷编制计划的制订

1. 确定测验目标

在笔试中，一般依据测验的目标，分类逐层地建立一系列评价指标，因此确定测验目标格外重要。测验目标应改变以往仅检测知识掌握情况的做法，而要制订适用于多个维度的评价目标，即应包含知识、应用、理解、分析、综合和评价等内容。此外，确定测验目标还需要认真研究教材内容。

2. 编制命题双向细目表

教师可依据测验目的和教学目标的需求，以教材内容为纵轴，以教学目标为横轴，画出一个二维度的分类表，且平均分配好试题数量或比重在表中的各个细目里，并尽可能使试题的取材覆盖到所要评价的教材内容与教学目标。

双向细目表是命题和编制试卷的蓝图，其详细地规定了各部分教学内容考核的要求和目标，规定了各部分考核内容所占的分值或权重。

（二）编拟测验试题

测验试题的类型丰富多样，如图 7–12 所示，因此编拟高水平、高质量的试题并非一件易事。教师必须参考双向细目表，充分了解各类型试题的命题原则和优缺点，充分了解学生的学习程度和特征，并具备优秀的文字表达技能。在编拟试题时，不仅要遵循各类试题通用的一般原则，还要遵循不同题型的命题原则。

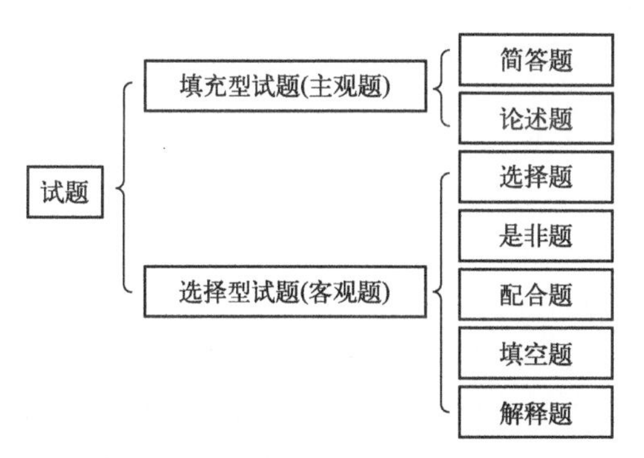

图 7–12 试题的类型

（三）试题和测验的审查

试题和测验的审查可分为以下两方面来进行：实证审查与逻辑审查。实证审查指的是审查教学敏感度的分析和试题功能的分析，也就是把试题提供给一定数量的学生实验组来进行预测；逻辑审查意在评阅试题和教学目标之间的关联性，也可称为形式审查。

（四）试题和测验的分析

试题和测验的分析属于实证审查的工作内容，但也可当作一个独立的步骤来进行。通常来讲，教师自编成就测验不需要经过严谨的试题与测验分析就可以使用，但正式的或大规模的标准化成就测验则必须通过严谨的试题与测验分析之后才能使用。

试题分析是针对每个试题的分析，它的内容主要包含：难度的分析、诱答力的分析和区分度的分析等。测验分析是针对整个测验试卷的分析，它的内容主要包含：效度的分析、信度的分析和区分度等基本的描述性统计分析。

（五）试卷的编辑

在编拟好测验试题之后，通过初步的试题形式与客观审查，便可以进入试卷编辑阶段。试卷编辑是根据测验目的把适当的优良试题编辑成整套的测验试卷，在此阶段应考虑以下四个项目：试卷的排列、试卷的难度、试卷的长度和编制试卷指导语。

这些都是为了统一施测步调和程序，使施测的过程实现一致化和标准化，避免因施测程序不同，而影响学生的成绩和作答情绪。

二、阅卷技能

（一）评阅主观题原则

主要包含八项原则：一是，运用适当的给分系统，在给分时，最常用的给分系统包含计点法和分级法两种；二是，明确试题期望答案的项目和答对每个项目的给分，然后逐项给分；三是，事先决定好怎样处理和期望答案无关的答案，即给多少分、不给分或扣分；四是，一次评阅一题，等全部试卷的该题均评阅完以后，再评下一题；五是，如果有两名以上评阅者，应该分题评阅，不可分卷评阅，全部试卷的同一题，应由同一人进行评阅；六是，在阅卷时，不要看学生的姓名，以免给分受到主观影响；七是，有条件的，每份试卷可由两个人重复评阅，并计算两人所给分数间的相关性，以求得给分的信度；八是，大规模的正式考试，应随机抽取适当的答卷进行预评，总结可能出现的各类答案，并制订出相应的给分办法。

（二）评阅客观题原则

客观题的评阅比较简单，在此不再进行论述。

三、评卷技能

（一）试卷的综合分析

以下是教师对试卷进行综合分析的几项评价标准。

1. 难度

难度一般用通过率表示。通过率（P）= 答对该题的人数 / 全体考生人数。当 $P \geqslant 0.7$ 时，表示试题比较容易；当 $0.4 < P < 0.7$ 时，表示试题是中等难度；当 $P \leqslant 0.4$ 时，表示试题较难；当 $P=0$ 时，表示所有学生都不会，此试题没有起到测试的作用。

2. 区分度

区分度和通过率有关系，用字母 D 表示。$D=P_1-P_2$。P_1 指总分最高的 27% 的考生此题的通过率；P_2 指总分最低的 27% 的考生此题的通过率。通常区分度在 0.4 以上，表示此试题的区分度较好，当低于 0.2 时，表示必须淘汰此试题。

3. 集中量数——算术平均数

在将数据资料进行初步整理所编制的次数分布图或表上，可以看到各组数据分布的次数虽各有差异，但总体数据均趋向于某点，此类向某点集中的现象，被称作集中趋势。而表示数据集中趋势的统计量则称为集中量数。例如，要分析某个学科两个班级的考试分数，我们很难将两个班级学生的分数全都进行对比，因为学生的分数大部分都是不同的，而且两个班级学生的总人数也不一定相同。在此种情况下，我们可通过两个班的平均分数进行对比，因为大部分学生的分数都集中分布在平均分数的周围，这里的平均分数就体现了某班某科学生成绩的集中趋势。算术平均数一般称作均数、均值或平均数，用字母 M 来表示。它是统计学中最常用的一种集中量数，其基本运算公式为：

$$M = \frac{x_1 + x_2 + x_3 + \cdots + x_n}{N}$$

4. 差异量数——标准差

标准差是极为重要的差异量指标，它是指离差平方与平均后的方根，也就是方差的平方根，用σ_x表示。

$$\sigma_x=\sqrt{\frac{\sum(X-\bar{X})^2}{N}}$$

式中，N为数据个数；X为原始数据；$\bar{X}$为一组数据的算数平均数。

（二）试卷的信度分析

信度是指评价的结果（即分数）和其拟评测的学习成就的一致性。高信度是优良学习成就评价工具的特征之一。评估信度的资料来源于评价的结果而不是评价工具本身，因此同一试卷的信度可能会因为被试对象的不同而出现变化。信度r的计算公式为：

$$r=\frac{k}{k-1}\left(\frac{\sum\sigma_i^2}{\sigma^2}\right)$$

式中，k为试卷中试题的数目；σ_i^2为每一道试题的方差；σ_2为全卷的方差。

（三）试卷的效度分析

效度是指测验分数的正确性。换句话说，就是指一个测验能够测量到其所想要测量的特质的程度，其体现的是考核内容和考试大纲或教学大纲的相符程度。从学习成就评价的范围来看，效度是指评价工具是否精确测出了此工具所期望评测的成就。若是同一测验使用的目的不同，那么关注的效度类型自然就不同，效度估计的方法也会有所差异。因此，一般效度是难以用具体的数值来定量的，也没有一套能够直接计算效度的公式可运用。影响效度的因素主要包含：是否在命题时制订了试题的参考答案和评分标准；是否集体阅卷并实行流水作业；分数是否真实；复核是否认真等。

四、出卷、阅卷、评卷技能的实施

制订一份高质量的生物试卷，依赖于对出卷、阅卷和评卷三个过程的严格把关。出卷时要紧扣教学目标，制订适用于多个维度的评价目标；阅卷时要严谨、公平和公正；评卷时要重视对效度、信度和区分度等的分析，以此当作对一份试卷实施情况的反馈。

第五节　生物教育科研技能

本节主要论述了生物教育科研的内容、特点、类型、基本步骤、方法和生物教育调查研究法等。

一、生物教育科研概述

（一）生物教育科研的内容

生物教育科研指的是以生物教育教学的目的、内容、任务、手段和方法为主要研究对象的研究工作。其内容主要包含：生物教学目标的研究；生物课程教学内容的研究；生物教学方法的研究；以及生物课外活动的研究等。

（二）生物教育科研的特点

生物教育是社会科学或教育学的分支，生物科学则是自然科学的一个领域。人们习惯把自然科学称作“科学”，而常把教育学等社会科学排除在“科学”之外。虽然此种观念失之偏颇，但也表明生物教育科研拥有自身独特的特点。其特点主要包括：一是，研究题材复杂；二是，难以直接观察；三是，不易精确复制；四是，研究者和被试者之间存在影响；五是，研究成果应用具备间接性。

（三）开发性研究

此类研究侧重于生物教学装备、仪器、学具、教具和生物教学视听材料、计算机辅助教学硬件和软件等的研发。

二、生物教育科研的实施

（一）基本步骤

生物教育科研包含的基本步骤，如图 7-13 所示。

上述科学研究的几个阶段，虽然任务各有侧重，并且都拥有一定的独立性，但是作为一个统一的整体来说，它们是互相联系、互相渗透、不可分割的。

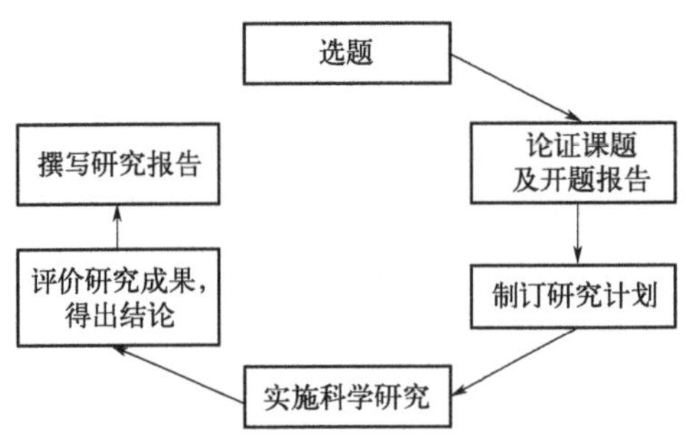

图 7-13 生物教育科研的基本步骤

（二）基本方法

生物教育科研的基本方法包括：考察研究法、历史研究法、实验研究法、调查研究法、教学经验总结法等。

1. 考察研究法

此种方法对研究生物教育实践问题拥有非常重要的意义，其特点为研究者能亲自体验到生物教育教学的现状，因身临其境，考察者会留下比较深刻的印象。生物教师也可通过考察及时掌握各地区生物教学实况。

2. 历史研究法

历史研究法是对教育的历史发展总结和反思的一种方法。例如研究中国近百年来的生物教学大纲、科目设置、教材体系、教学内容安排和教学方法的演变等；对丰富的教育遗产和历代教育家进行系统的梳理与总结等。

3. 实验研究法

实验研究法是为了解决某个教育问题，依据一定教育理论，制订研究计划，运用一定的技术和方法展开教育实践，到一定时间以后，比较分析实践效果，进而获得科学结论的研究方法。主要的实验方法包括：循环实验法、单组实验法和等组实验法等。

4. 调查研究法

这是经常使用的一种研究方法，可用口头的方式例如座谈、访问等，也可用书面的方式例如问卷、测验等，对研究的人与事开展有计划的、系统周密的调查，应认真完成调查过程，善于发现规律，对收集的数据和资料进行分析、综合、比较及归纳，最后得出调查报告。

5. 教学经验总结法

此法是生物教育科研中最常用的一种方法。此法以“自我”为中心，以创新为重点，以教师的教学经验为素材，是教育者从自身多年的教改实验和教学实践中获得的新方法、新经验、新见解的系统总结与比较，其可把经验上升为具有一定借鉴性和可读性的研究成果。

第八章 现代生物学专业人才培养建设研究

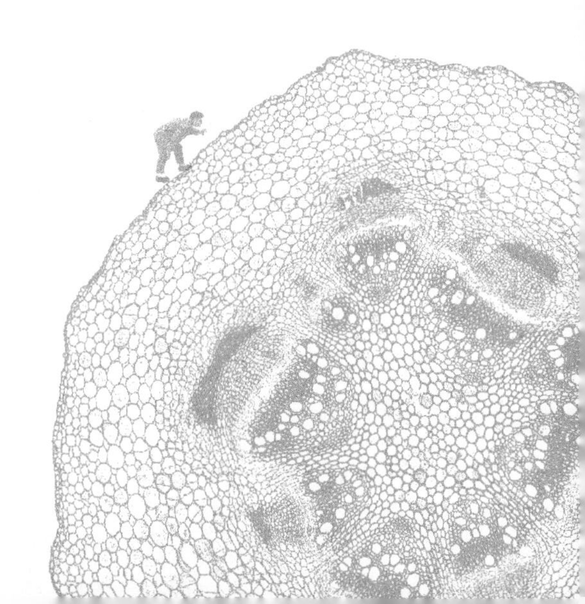

第一节　应用型生物技术人才培养

一、应用型生物技术人才培养的重要性

培养产业转型升级和公共服务发展需要的高层次应用技能型人才，是经济发展方式转变、学校教育模式革新、产业结构转型升级的迫切要求，是解决新增劳动力、舒缓就业结构性矛盾的紧迫要求，也是贯彻落实国务院关于加快发展现代教育部署，加快教育综合改革，建设现代教育体系的重大举措，有利于破解我国应用型生物技术人才发展同质化、重数量轻质量、重规模轻特色等一系列难题。

就我国目前应用型生物技术人才现状来看，其主要存在两个问题：①面临就业难问题；②企业中一线的应用型人才的缺失，是由人才与社会需求脱节引起的。同时现在部分学校为了追求名利，不断扩大学校规模，增加招收的学生名额，只注重教授书本中的固有知识，导致大学生的能力与现实需求脱节。

在竞争不断加剧的背景下，社会发展需求更多的是应用型人才。随着自身的人才培养方案正在与社会经济发展需求逐渐脱节，且产生很大的差距，许多学校意识到向应用型教育转型是高等教育发展到一定阶段的必然出路，通过转型能够推动学校科学定位，从而更全面、更深入结合到区域发展、产业升级、城镇建设和社会管理中。一些学校增加更加务实的实训课程安排，如：①制定学生参加实习实训方案，让学生能够将学到的理论知识更好地应用到实践中；②开设实用性课程，以便学生进入社会后能够更好地发挥所学；③添设实践教学环节，使学生在实践中学到更多知识等。但是，在实践过程中，这些改革方案的效果并不是很明显，主要还是因为这些方案受传统教育方式和教育理念的影响，造成了实施效果上的局限性。因此，应用型生物学人才培养模式的进一步改革势在必行。

二、课程体系的改革与创新

（一）明确课程体系改革与创新的指导思想

“四四制”人才培养模式是指学生培养需要经历四个阶段，即通识培养阶段、大类培养阶段、专业（分类）培养阶段与联合培养阶段。在通识培养阶段，学习基本的通识课程、思政课程、分层次通修课程等，为第二阶段的大类选择奠定良

好基础。在大类培养阶段，设置大类培养的基础课程，涉及通识课程、思政课程、分层次通修课程等，为后期专业分类培养奠定基础。专业（分类）培养阶段，着眼于后面的联合培养阶段，分类设置专业核心课程，模块化专业选修课，实践训练、科研训练、创新创业指导课，语言训练课。在联合培养阶段，按照四类人才进行培养，即按照应用技术型、技术研究型、创新创业型、国际应用型进行人才培养。例如，针对应用技术型人才需进入企业联合培养，针对技术研究型人才需与专业学位研究生贯通培养。

教师作为高校发展的核心要素，是学校向应用型转变的基础。教学观要从以教师为中心向以学生为中心转变；教学内容要从知识传授为主向能力培养为主转变；教学模式要从传统的第一课堂向第二课堂、企业课堂、社区课堂、网络课堂和国际课堂全面延伸转变；教学方法要从满堂灌讲授向组织研讨、指导启发转变；评价方式要从教师教得好不好向学生学得好不好转变；教师素质要从理论型向“双师”“双能”型转变。

（二）确定应用型课程建设评价标准

在建设课程体系（人才培养方案）的过程中，制订了相应的评价体系。该体系要体现以下四个方面，即与产业对接；真实环境；真学、真做；掌握真本领。相应的一级指标体现以下四个方面：

（1）服务于经济社会发展的有效度。

（2）专业与行业企业合作的结合度。

（3）培养过程与生产实践的对接度。

（4）培养质量与行业需求的匹配度。

（三）建立教学科研水平较高、相对稳定的优秀教师队伍

为保证教学任务的完成、教学改革的顺利进行，需要配备数量足够的能高质量完成教学任务的教师队伍。一方面应继续引进高水平人才，特别是“双师型”的工科人才和学术带头人；另一方面，鼓励教学经验丰富的教师承担课程建设与改革的任务，在课程建设实践中，培养教学名师。

进一步实施课程教学小组模式，要求教师具有敬业奉献精神，对教学内容、体系、方法和手段具有强烈的改革意识，形成团队协作，积极承担落实教学任务。

（四）人才培养方案的改革创新

应用型为主的建设理念要求本专业课程体系的建设要服务于社会，解决地区经济建设中的实际问题，因而，创新性和实践性是工科专业得以发展的关键。基于上述教学目标要求，在调整课程体系，制订培养方案时，应坚持“基础知识够用、专业知识管用、技能知识会用”的三个基本原则。

在培养方案的设计方面，合理安排通识教育课程、专业教育课程、实践教学课程和专业方向模块课程及其比例。在本专业设置过程中，总学分由200学分左右，调整为180学分左右，压缩了理论教学学时，提高了实践教学课程的比例。例如，在联合培养阶段，针对应用技术型人才培养，主要在企业现场进行实践性教学活动，以培养符合企业行业需求的工程技术人才。

（五）实践教学环节的改革创新

高校的转型发展，更要加强实践教学环节，以适应向应用型转变的时代要求。为完成上述培养目标，可构建由诸多企业参与的实践教学平台，甄选优秀的企业指导教师，为学生配备校内及校外指导教师，尝试采用“学院专业导师＋企业行业导师”的双导师教学指导模式，不断丰富实习实践课程内容，构建多元化的学习途径，确立以学生自主学习为核心，建立理论与实践的有效对接模式。为进一步保证企业、学校、学生之间的信息高效沟通，可选用某大学生实习实践平台。

为保障教学实践环节的顺利进行，应完善学生在各个实践环节的考核评价体系：学生校外实践的成绩由企业导师和校内专业导师共同评价确定，并记入学生成绩系统。

此外，还可邀请知名企业或科研院所的专家进校园，为学生授课。这些专家实践经验丰富、专业素质高，可以将知名企业或科研院所的先进生产技术和管理经验引进高校。

第二节　创新型生物学人才培养

一、创新型人才简述

创新是引领发展的第一动力，是建设现代化经济体系的战略支撑。提高自主创新能力，建设创新型国家，关键在于创新型人才。随着世界多极化、经济全球化的深入发展和我国经济社会发展方式的加快转变，提高国民素质、培养创新型人才的重要性和紧迫性日益凸显，中国未来发展、中华民族伟大复兴，关键靠人才，基础在教育。

（一）创新性的实质及创新型人才的表现

1. 创新性的实质

创新性是人类思维的高级形态，是智力的高级表现，是人类文明最绚丽的花朵。创新的核心是创新性思维，它是创造力的基础。创造力需要知识，但仅靠知识积累是不够的，还需要极度的好奇和想象力，以及改变世界的追求与价值取向。爱因斯坦曾说：在科学的殿堂里有各式各样的人，他们探索科学的动机各不相同，有的是为了智力上的快感，有的是为了纯粹功利的目的，他们对建设科学殿堂有过很大的甚至是主要的贡献。但科学殿堂的根基是靠另一种人而存在，他们总想以最适当的方式来描绘出一幅简化的和易领悟的世界图像，他们每天的努力并非来自深思熟虑的意向或计划，而是直接来自激情。

2. 创新型人才的表现

青年阶段是创新能力发展的关键时期，这一时期创新性的发展有以下几个特点：

（1）处在创新心理的大觉醒时期，对创新充满渴望和憧憬。

（2）受传统习惯的束缚较少，敢想敢说敢做，不被权威、名人所吓倒，有一种“初生牛犊不怕虎”的创新精神。

（3）创新意识强，敢于标新立异，思维活跃，心灵手巧，富有创新性，灵感丰富。

（4）在创造中已崭露头角，孕育着更大的创新性。

（二）培养和造就创新型人才的关键在教育

随着国际竞争的日益白热化，各国经济、军事和科学技术的竞争，将集中在创新型人才的竞争上。教育的要旨之一便是创新型人才的培养。教育的最终目的不是传授已有的东西，而是要把人的创新能力诱导出来，将生命感、价值感唤醒。如此，创新型人才的培养和造就，就要靠创新性教育。

1. 校园环境与创新型人才培养

学校环境的创新性，主要包括管理层的指导思想、学校管理、环境布置、教学评估体系及班级气氛等多种教育因素。学校本是发现、培养创新型人才的场所，然而事实并非如此。大多数学校太注重学业任务和指标而排斥了其他方面，这样就压制了教师和学生创新性才能的发挥。国内外创新人才的成长规律表明，一个开放的、民主的自由的充满活力的、鼓励创新的、求新求异的环境是有利于创新人才培养的，而一个封闭的、保守的、僵化的环境是会压抑创新人才的成长，这种环境就包括学校环境。因此，在教育创新人才培养中，应调动全体教职工的积极性、创造性，形成有活力、有生气、宽松和谐、开拓创新的校园文化氛围，在潜移默化中教育人、熏陶人，造就学校所特有的品格和气质。

2. 教师与创新型人才培养

创新型教师，是指那些善于吸收最新教育科学成果，将其积极地应用于教学中，并且有独特见解，能够发现行之有效的教学方法的教师。创新主要包括教师的创新性教育观、知识结构、个性特征、教学艺术和管理艺术。特别是教学方法，这是能否培养和造就创新型人才的关键之一。教师创新性能力的高低对学生创造力的培养是至关重要的。然而，现实却是教师们往往倾向于高智商的学生而不是高创新力的学生。

教师在创新型人才成长中起着独特的作用。与其他影响源相比，教师的影响居于第一位，这种影响不仅是综合系统的，而且是长期的。一个人的成长要经历不同的阶段，但是任何人都在特定的时期接受学校教师的激发、共鸣、熏陶、赞赏和培养，教师的人格、品德、气质直接影响学生创新精神的培养，教师是人才重要创新成就的领路人。

3. 课堂教学与创新型人才培养

课堂教学是学校教育的重要渠道，创新课堂教学模式，培养学生创新素质，是创新型人才培养的重要途径。课堂教学应强调如下五个方面：

（1）动机激发　在整个教学活动中，要激发学生的学习动机，特别是内在学习动机，以保证学生积极主动学习和思考。

（2）认知冲突　在课堂教学中，教师要根据教学目标，联系生活经验和已有知识，设计一些能够使学生产生认知冲突的“两难情境”，启发学生积极思维。

（3）社会建构　社会建构强调师生互动和生生互动。教学过程中，学生在探索、实验、观察、讨论的时候，都需要教师的指导、点拨和鼓励。教师通过提问、指导的方式了解学生的看法，发现存在的问题，根据学生的反馈情况调整教学的进程、方式等。学生之间也需要相互关注，适时地进行讨论、辩论等活动，促进自己的有效学习。

（4）自我监控　强调师生反思，特别是要求教师引导学生对学习内容、学习方法、经验教训等进行总结和反思，培养学生的自我监控能力。

（5）应用迁移　强调所学知识和方法的应用，并迁移到日常生活、生产实践、本学科及其他学科中去，提高学生分析问题和解决问题的能力。

二、创新型生物学人才培养的先决条件

（一）革新教学方法

提高教学质量的有效途径是改革教学方法，这就要求教师在教学内容的改革中坚持基础性、特色性和前沿性。

首先，应使学生具备扎实的专业知识，将基础知识和基本理论作为教学重点进行教学革新。

其次，根据学生的不同需求，使教学内容丰富充实起来，体现层次性，从而适应创新型人才培养的要求。

最后，将最新学术进展和动态融入教学内容之中，随时关注学科发展的前沿，充分利用网络资源。

坚持以学生自主学习为主，教师讲授为辅助的原则，全面推行启发式、讨论式、互动式的教学方法，鼓励学生质疑，扩大课堂讨论。

（二）强化实验实践教学

实验技能是创新型人才培养的垫脚石，没有坚实的实验实践教学作为基础，造就创新型人才就是天方夜谭。特色生物学是一门实验性非常强的学科，因此，学院应通过各种实验教学、野外实习和相关企事业单位的实践为学生提供多种实验实践机会，以培养学生的实践能力和创新素养。

1. 研究型实验教学

创新型人才培养需要结合实验教学来进行。高职院校在实验教学过程中，应

坚持以培养学生创新能力为核心，增加综合性、设计性和创新性实验的比例，构建研究型的实验教学体系。这主要包括以下几个方面的措施。

① 把科研氛围与课堂实验教学合理结合在一起，努力将实验内容、实验技术与科学研究发展前沿及开发应用密切结合。

② 科研项目与实验教学捆绑式结合，由学生自主选题、设计实验方案，进行项目或课题研究。经过多形式、多层次的系统训练，使实践能力强、科研基础扎实成为学院生物学专业学生的鲜明特色。

2. 野外实习条件的创建

（1）野外实习的益处　野外实习可以提高学生学习兴趣，还可以通过反复实践巩固课堂所学知识，加深学生对所学知识的理解和掌握。这对于培养学生动手能力和创新能力具有不可替代的作用。学院应每年安排部分专业教师全程指导野外实习，带领学生深入山地、森林、海滨等地采集标本，现场讲解相关章节的知识。

（2）实习条件的创建　创造野外实习条件是需要一定经费的，因此，高职院校可以与相关企业进行合作，或得到国家一些有利政策和津贴补给。高等院校可以积极组织学生参加各大院校与企业的联谊，共同去野外实习基地，参与项目，开阔视野。

3. 扩大校外实践基地

时代和事物是不断更新的，作为生物学专业的创新型人才，要了解现代生物技术和生物产业的发展状况。因此，高等院校应积极为学生提供便利条件，充分利用自己的实力和影响力，坚持走“产学研”相结合的道路，与企业市场相互结合，按照校企共赢的理念，多形式、多途径地与相关企、事业单位共建校外实践教学基地。

（三）完善教学评价体系

1. 网上评教

学院教学办公室及时汇总学生网上评教结果反馈给院领导，授课教师可以通过评教系统及时了解学生的评价和看法，以此实现对教学质量的有效监控。

2. 任课教师会议

学校应每学期召开任课教师会议，将院领导听课督导组听课的建议与意见及时总结并反馈给授课教师。

3. 设立奖励机制

学院应设立奖励机制，对有职业道德、教学效果好、受学生好评的教师给予物质和精神层面的奖励。学院应坚持院领导、教学督导组听课和学生评教制度。

（四）加强教师队伍建设

教师在学生自主实践过程中应起到主导以及穿针引线的作用，教师不仅要在专业技术方面对学生予以指导，还应对学生实践过程中提出的疑惑及时解答，并与学生共同探究和交流，促进学生发散思维、批判思维和创新思维的全面发展，逐步形成问题的多维解决方案和策略，增强学生主动实践的能力。实践指导教师不仅要具备良好的理论素养，还应具有丰富的实践经验和过硬的实践能力。学校应围绕应用技术型人才培养对师资队伍进行要求，加强“双师型”教师的引进和培养，鼓励教师深入企业，通过顶岗工作、挂职锻炼等方式，安排专业教师到企业顶岗实践，引导教师为企业开展技术服务，不断积累实际工作经验，提高实践教学能力；加强与企业合作，建设稳定的兼职教师资源库，从企业行业聘用专业素质高、实践经验丰富、教学能力强的高级工程技术人员和管理人员作为兼职教师协同授课，将生产一线的新理念、新技术、新需求带进课堂，活化教学内容与教学形式，提高教学效果。

培养创新型人才，教师队伍是不可或缺的重要因素。教师队伍是提高学生专业素质的有利条件。高等院校应注意教师资源的优化，对于教师的学历结构、年龄结构等要定期及时统计和优化，使教师队伍的结构和层次不断提升。

1. 定期考核

高等院校应定期对在职教师进行专业考核、职责考核等，在选聘教师时，也应对其进行综合性考核，许多科研方面非常出色的教授投入教学一线，不仅可增强课程本身的吸引力，还可在无形中使学生受到科研方法和创新思维的训练。此外，高等院校还应开放教授实验室，使学生可以在教授实验室完成开放实验专题，进行科研训练。

2. 引入青年教师

青年教师具备较强的教学能力，具有相当的创新能力，这是对青年教师从事教育工作提出的最基本要求，也是高等院校提高教学质量的基本保障。为此，吸纳优秀青年教师是必然趋势。青年教师参加工作后要从事为期两年的基础实验教学，以锻炼表达能力，积累授课经验。此外，应充分发挥教学经验丰富的老教师的传、帮、带作用，老教师通过随堂听课、教学观摩等指导青年教师掌握授课方法，提高课堂教学的实效。同时，发动青年教师积极参加学校和市级教学基本功竞赛，与各高等院校教师同场竞技，接受锤炼和磨砺，对其中表现突出的青年教师由学院进行奖励。

3. 培养双语教学人才

创新型人才的培养需要不断扩大英语和双语教学。学院应积极推动英语和双语教学课程，通过在选修课中试点英语教学，建立严格的质量监控机制，并征求学生的反馈意见，根据整体授课效果再决定是否要进行，以及如何高效进行。

三、构建自主实践育人的价值体系

（一）促进个性化发展

自主实践是学生个性化发展的需要，在发展质量观下，高质量的教育必须是适应个体发展需要的教育，必须实现个体充分、可持续的发展。自主学习与实践将更加尊重学生的主体性，尊重学生的个性和独立选择，并为学生的选择提供更加丰富的实践条件和空间，从而可充分发挥学生学习实践的独立性和自主性，促进学生在个人兴趣和发展需求的基础上进行学习和实践，形成自己独立的品质和能力。学生个体的差异性决定了其自身多元发展的现实需求，实施个性化教育是满足学生这一教育主体变化要求的结果，是高等教育的发展方向。

（二）提高学习效率

大学生学习的目的是掌握知识，获取技能，在实践中运用所学的知识实现个体价值，成为德能知行并重的人才。传统的实践教学多数以实践过程传授、验证训练等方式进行，学生跟随教师被动实践，根据实践指导书按步骤常规性完成实践过程，所有学生开展的实践内容和过程完全一样，没有创造性发挥的空间和解决个性化问题的机会。这种方式制约了学生探究未知的欲望，既不利于发现学生学习中存在的问题，更不利于学生创造能力的培养。因此，在教学过程中，教师要积极创造条件为学生提供开放性实践情境，增强教学过程的探究性和吸引力，引起学生产生对学习内容的兴趣、渴望和追求，让学生自主收集信息、解析问题，促进学生主动实践、主动体验和感悟探究，在获取知识的过程中不断提高创新精神和实践能力。

（三）终身发展的需要

当代社会科学技术迅猛发展，知识信息急剧增加，各行业对知识能力的要求正在由单一向多元转变，终身学习能力对人的可持续发展越来越重要。自主学习能力的培养是形成终身学习能力的核心，是建设学习型社会、知识型社会的必然要求。大学生必须改变在传统教育中以教师为中心的学习方式，更多地采用自我为主的学习方式亦即自主学习，来获得工作、生活所需的知识技能。大学教育的目的在于帮助学生按照自己的目标选择合理的学习方法，通过自觉的学习实践进行自我诊断、自我设计、自主学习、自主管理，并逐步形成勤学好问、合作学习、探究体验、独立思考等良好的学习习惯，使自己成为会深思、会学习的人，善于获取新知识，而不仅仅学习书本上有限的知识，同时要善于从海量信息中获取新知识，与时俱进地构建适应时代需要的知识结构与能力，以应对竞争日益激烈的需要。

四、构建系统化自主实践育人模式

（一）链条式实践育人

学生自主实践能力的培养是一项系统工程，是一个需要持续实践和不断强化的过程。链条式实践育人，应树立以能力培养为核心，知识传授、能力培养、素质提高协调推进的教育观念，按照“理论与实践、感性与理性、课内与课外、校内与校外”相结合的原则，遵循认知及教育规律，整合优化实践过程，明确各阶段实践教学重点，为各专业学生制订系统性专业技能训练方案，按实验教学、实习实训、毕业设计、职业认证这 4 个实践教学模块，进行类别的划分、组织教学阶段划分，系统地培养学生基础实践能力、分析解决实际问题的能力和沟通交流的能力。加强学校之间、学校与科研机构之间、校企之间合作以及中外合作等多种方式的联合培养，探索实践育人新模式，让学生走进实训室，走进企业，与企业联合开展创新创业教育，从而形成体系机制灵活、开放、选择多样、渠道互通的实践育人体制。丰富第二课堂实践育人载体，设立开放性实践创新项目，组成教学班开展项目化教学；建立学术型学生社团组织，开展大学生学科竞赛等活动；资助大学生自主创新项目研究，并安排教师指导学生开展团队学习与实践，设立课外学分，鼓励学生积极参与课外科学研究和艺术创作活动。

（二）扩展模块化实践育人

建立共性与个性相统一的教学内容体系，按照学生的专业知识和能力要求，分层递进设置实践教学内容，系统设置实践项目，将一系列应用型人才培养的探索与实践项目由低到高、由简单到复杂分段进行安排，循序渐进培养学生自主实践能力。注重培养学生的专业基础实践技能，让学生掌握项目实践方法，具备独立实践的能力。①增加选修实践项目比例，搭建学科专业竞赛平台，及时对接行业标准和企业技术发展水平，设置实践项目和竞赛内容，学生可以根据自身兴趣和爱好自主选修实践项目以及参加学科竞赛，既能增强学生学习知识的时效性，又能满足学生个性化发展需要，充分发掘学生潜能。②增设综合探究性实践教学内容，基于专业教学的关键知识点，融合职业标准和专业课程，设计具有较强综合性、自主性和探究性特征的实践项目，将生产实际问题引入实践教学，引导学生自主设计、开启创新思维，让学生在独立实践过程中体验知识应用。③增强学生分析问题、解决问题的能力。注重校企共同开发课程，企业可以根据学生职业发展需求量身打造课程并组织实施，学生可以基于自身发展需要和市场需求自主建构知识体系和能力体系，实现“专业＋专长”的培养模式。

（三）开放式实践育人

改变传统单向灌输的教学模式和被动、封闭、接受式的学习方式，采用启发式、交互式的教学方法，让实践内容、方案及实践对象均具有开放性，即为开放式实践育人。建构主义教育理论更加注重开放性学习，强调学习的主动性、情境性、协作性和社会性。学生是整个实践过程的主体，学生在教师指导下，自主选择实践题目，自主设计实践方案，自主开展探索研究，自主撰写实践报告或完成设计作品。在教学过程中注重学生的体验与感知，鼓励学生围绕实践中发现的问题进行交流讨论，尽可能地给学生提供自主学习的机会，拓展专业知识，活跃创新思维，培养学生解决问题的能力。注重第一课堂教学内容的延伸，加大课后作业布置与检查力度，引导学生在课余时间阅读文献，开展团队研讨，撰写主题论文，促进学生开展多样化的自主学习实践活动，强化学生的独立性和主体意识。

（四）过程性实践育人

教师不仅要传授知识，还要促进学生潜能的发展，在考核学生学习效果时应采取全方位、多元化的考核方式，关注学生动态认知历程及其能力提升的过程。评价的主体由单一的教师主体向由教师、学生、合作实践教学探索学习团队成员等构成的多元化评价主体转变，使学习评价成为学生自我反思、自我发现和自我发展的过程。评价方式应为多元化的过程性考核，由传统的试卷终结性考核转向形成性考核与终结性考核相结合，评价内容包括实践前的预习、实践中的操作和对问题的讨论、实践后的报告及实践结业考核的表现等几个方面，评价内容更加强调学生学习过程的表现和综合素质的提升。将评价变成多元参与和互动的过程，可充分调动学生学习的积极性和主动性，并可全方位评价学生的综合素质和应用能力。同时，对教师的教学绩效评价也要向多元评价方式转变，在坚持学生评教、领导评教、同行评教的基础上，应更加注重教师自评主体，重视教师自我反馈、自我调控的作用，将教学过程的生动性、创新性和丰富性纳入评价体系，激励教师灵活运用教学方法，加强对学生发展性能力的培训，培养学生主动思考的能力、善于发现的能力、获取信息和解决问题的能力，突出评价的激励功能，提高实践育人效果。

五、构建多维度自主实践育人系统

（一）探究实践环境需要自主性

自主学习的实现需要以下三个条件：①学生的主观意愿；②学生的综合能力；③相应资源条件的支持。学生开展自主实践，需要一定的空间和氛围，学校必须为其搭建优质的实践教学平台，营造自由探究的实践氛围。按照“优质、共享、开放、高效”的原则，学校应坚持校内校外相结合，统筹构建实验教学中心、教学实习基地、自主学习中心“三元协同”的实践教学平台，按学科专业群建实验实训中心，按专业方向建专业实验室，与校外企、事业单位合作共建实训基地，建立开放式的学生自主学习中心，合力构建资源共享、人才共有、过程共管的实践育人支撑体系，为学生自主学习、自我体验、自由创造提供应有的环境条件。支持学生专业社团建设，各专业可根据专业性质成立相应的学术型社团组织，学生可以根据自己的兴趣自由参加不同类型的社团，构建多元化的自主实践团队，让具有共同志趣、共同追求的学生聚集在一起共同学习、主动实践、自由探索、广泛交流，亲自主动积极参与丰富生动的学习思考活动。学习过程是一个互助、互动的实践体验，学生可以有效拓展自身观察、思考问题的视域，在优良的学术氛围中展示和提升自己。

（二）建立产教融合、校企合作模式

产教融合、校企合作是应用技术型高等院校转型发展的重要选择，学校应主动建立校企协同育人战略联盟，通过项目研发、职业培训、实践教学等形式创建主体多元、形式多样的校企合作模式，形成企业“全程参与、深度融合”的联合培养体系，合力培养高素质应用技术型人才。拓展校企合作开发教学资源的途径，推进校企联合开发课程工作，共建共享教学资源库，建立校企联合课题，开发创新创业训练项目，将企业技术创新和设计创意需求与学生实践和毕业设计有机结合，实现合作共赢。建立教学生产一体化校企合作创新平台，学校提供场地，企业投入设备，共建平台，基于企业生产实际需求开展项目式教学，将教学活动切实融入生产一线，实施生产性实践教学，让学生在企业环境中体验生产过程，学习、掌握和转化专业知识与技术，实现产学一体化教学。协同育人机制有利于加快现代教育体系建设，深化产教融合、校企合作，培养高素质劳动者和技能型人才，同时这也是国家全面深化改革的统一要求。

（三）完善保障体系

学生自主实践习惯的养成与自主实践能力的提高需要一个长期的过程，需要良好的制度和政策环境予以保障。学校可建立基于学分制管理的全程导学机制，由导师、班主任、授课教师及管理队伍组成导学团队，指导学生制订自身发展规划，形成学习目标体系，选择科学的学习策略，根据教育资源合理安排学习内容和学习进程，不断培养自主学习意识和自主实践品格，建构个性化知识体系。建立以互动、开放为特征的教学管理制度，实行小班授课，促进因材施教，增强师生互动，教师应有针对性地解决学生的隐性问题，帮助学生树立自主实践的信心，推进跨专业选课，丰富学生选择优质课程资源，加大教室、实验实训室、图书馆等教学资源开放力度，拓展学生自主实践空间。完善以促进学生自主实践为导向的激励机制，对开展探究性教学方法改革的教师予以专项经费支持，鼓励教师深入研究，物化成果，提高成效；推行课外学分制度，以项目为驱动，组织有兴趣

和特长的学生利用课余时间进行团队学习、自主实践和学术交流，对课外开展自主实践并取得一定效果的学生活动认定学分，激励学生基于兴趣主动参与学习实践，促进学生专长发展，不拘一格地培养个性化人才。

在创新型人才培养过程中，我们要加强对学生理想信念的教育。将热爱祖国的爱国主义教育和热爱科学、献身科学的理想教育嵌入整个教学过程。

生物学创新型人才的培养是一个至关重要且相对较体系化的工程。一方面要有正确的办学指导思想和合理的定位，另一方面要有一套符合教育规律和突出创新能力的培养方案。

学校的办学指导思想：以学生为主体，教师为导体，以培养学生创新能力为重要思想，课本为辅助，以科研素养为核心，专业知识为基础，来实施开放式教学，加强研究性学习，促进学生全面协调发展，培养基础知识扎实、综合素质高、具有创新能力的优秀生命科学人才。在现有完全学分制生物学专业培养方案的基础上，应充分发挥学校教学资源优势，加强综合素质和专业素质教育。根据这一思想，学校应以素质教育、培养创新型人才为主导，打破传统人才培养模式，立足学科前沿，依托学科优势，遵循人才培养规律，注重个性发展，因材施教，突出特色教育。

第三节　生物学专业“产学研”人才培养

一、生物学专业“产学研”概述

（一）“产学研”结合的“学”

生物学是一门实验性很强的课程，学生对生命规律的认知与掌握、对生命现象的探索都与实验活动有着紧密联系。

近几年，随着我国生物学的迅速崛起，生物学与生产实践的关系越发密切，它最大限度地推动了我国生产力的发展。由此可见，生物学的发展前景是美好的，而“产学研”策略则是势在必行的。要想更好地实现“产学研”，首先我们要认识“产学研”结合的“学”，“学”包括知识的获取与学习能力的培养，掌握扎实的专业理论知识是对学生的基本要求。只有掌握了最基本的专业理论知识，才能具有创新的能力。然而随着社会的不断发展，知识的概念也随之发生了一定的变化。启蒙时期的知识主要是为了“启迪思想、增长智慧”，工业时代则是“应用知识”，直到知识时代，知识进入了一个全新的实践领域，即知识被应用于生产。

（二）“产学研”结合的“产”

“产学研”结合的“产”，主要由生产与实践组成。它的作用主要是培养学生的操作实验能力，做到理论与实际相结合，通过具体生产和实际操作，达到实现实验室和实训基地，产学相融的教学目的。学校不仅要扩大实验室的建设规模，保证学生可以得到最基本的实验技能的训练，还要拓宽实训渠道，因为学生仅仅利用学校实验室来进行训练学习是远远不够的，毕竟实验室与企业中的工作还是不一样的，因此，学生要到企业中从事实际实验及训练，把学到的知识和在企业实践中获得的经验相结合。各大院校应多与企业合作，积极创办实习实训基地，定期让学生到工厂去参观和学习，这样能让学生更好地进行专业的学习，工厂也可以得到具备专业技能的人才。

（三）“产学研”结合的“研”

这里的“研”主要是指科研，科研工作对学校和专业的发展起着至关重要的作用，是学院和专业发展的基本条件。对于那些实力有限，欠缺创新意识和技术实力相对薄弱的企业，可以与学校和科研院所进行有效结合。学校与企业可多开发一些与企业利益相关的，能为企业创造价值的项目，同时也可为学生毕业就业提供保障。

二、生物学专业“产学研”结合的重要性

（一）有利于高等院校加快生物专业创新型人才培养

人才培养是高等院校的根本任务，培养创新型人才是办学水平的重要标志，也是科学研究可持续发展的重要基础。在高等院校人才培养尤其是在生物学专业的人才培养上，课堂教学只是最基本的方式，实践能力、行业意识的培养更需要、也只能通过现场实践来进行。现代社会的发展对复合型人才的需求，对生物学专业人员的管理素质、经济意识提出了更高的要求，深化教学改革，全面推进素质教育正是这种要求在教育上的客观体现，这就迫切需要高等院校通过加强实践环

节，培养高素质人才。

从高等院校学生培养来看，“产学研”三者有机结合增加了学生理论与实践相结合的机会，有利于提高学生的思想认识水平，为培养其创新精神和实践能力提供了良好的社会氛围。由于学生实践知识少，思想认识不成熟，通过“产学研”相结合的形式，可以使他们到生产、科研第一线直接参加科研和社会实践活动，既能达到理论与实践相结合的目的，又能使他们亲眼看到改革开放以来我国所取得的巨大成就，从而可以更多地了解国情，了解人民群众的生活。

在“产学研”结合中，学生通过参加社会生产劳动，实现了脑力劳动和体力劳动相结合，这是培养青年学生健康成长的最佳途径，也为学生开展科研活动提供了广阔的前景。在联合体内，学生既是科研、生产的坚强后备力量，又是参加实践的生力军。他们在联合体内通过承担一定的科研工作，完成实习基地的生产任务，独立观察、分析和解决问题的能力得到提升，实事求是的科学态度得以培养，从而有利于学习知识、掌握技术、增长才干。

创新人才的培养应采用创新型教与创新型学相结合的方式。所谓创新型教是指为了提高教学效果、培养学生的创新能力，采用教学要素（包括教学内容、教学方式、教学手段等）的新组合，鼓励学生创造，以促进其创造才能的发挥。创新型学则是鼓励学生在学习过程中进行创新，包括学习内容、学习方式、学习手段、学习途径、知识的应用等方面的创新。创造性学习方式一方面有助于学生在规定的时间内完成学习任务，另一方面也有助于学生在完成学习任务的同时，创造性地发挥自己其他方面的能力，为以后的可持续发展奠定良好的基础。创新型教与创新型学相结合可以充分发挥教学双方的积极性，从而有效地保证创新型人才的培养质量。在教学过程中应启发学生大力推进高新技术的开发研究和成果推广，促进高新技术及其产业的发展。

（二）有利于提高高等院校科技创新能力

知识创新和技术创新主要来源于科学研究，科学研究和科技开发是产生新知识的源泉，高等院校要加强知识和技术创新，科研是根本。而各类科学研究在知识、技术创新方面的作用有所不同。为此，各大院校应做出合理部署。一方面，基础研究是高新科技的先导和源泉，只能加强而不能削弱。因此，要重视科学的前沿工作，强调创新和领先。另一方面，科学研究要与经济建设和社会发展紧密结合，以解决经济建设主战场中的实践问题，强调实用和效益。在“产学研”结合中，高等院校通过合理配置基础研究、应用研究、开发研究三者的力量，形成基础研究定向化、应用研究基础化、开发研究产业化的科学布局。

知识创新是技术创新的基础，是新技术、新发明的源泉。知识创新的核心在于科学技术的创新，即将知识用于经济的过程。只有不断注入创新的知识和技术，经济才能实现有效的增长。科学技术创新的持续发展，是一个国家经济高速度、高质量、高效益增长的前提，技术创新的主要功能是学习、革新、创造和传播新技术。技术创新的主体除企业外，也包括各大院校、科研院所和政府部门等。建立创新体系，必须以人才为后盾。高等院校要争当知识和技术创新的发动机，就要改革现行的人才培养模式和科学研究体制，深化教学内容改革，加强学科建设，转变教育思想，营造宽松的创新环境，注重人才素质的提高和创新能力的培养。科研工作要以提高创新能力和建立创新机制为根本导向，坚持科学研究和人才培养相结合、多学科相结合、“产学研”相结合。此外，还要积极主动地参与创新工程，加强研究开发，通过工程研究中心、技术开发中心等形式促进科研、开发以及生产上、中、下游的良性循环。在大力推进“产学研”结合、促进科技成果转化的过程中，应以学科为依托，推进传统产业的技术改造和高新技术的发展，使各大院校参与知识和技术创新的成果真正落到实处。

在知识和技术创新的同时，还应特别强调体制创新问题。我国目前高新技术成果转化率远远低于发达国家，其主要原因是体制问题没有得到很好解决。高等院校、科研院所和企业彼此条块分割，各主体在人、财、物上相互争夺，阻碍了知识创新、加工、传播与应用的有机整合。因此，必须更新观念，用新的思路改革旧的低效率的体制，冲破部门利益上狭隘眼光的束缚，强化“产学研”结合，推动体制创新的深入。

创新是民族进步的灵魂，是国家兴旺发达的动力，但创新本身并不等于经济发展，关键问题在于怎样将创新成果落实到生产领域，并迅速地转化为现实生产力。因此，要在转化上狠下功夫，采取行之有效的措施推动“产学研”的结合。长期以来，我们的技术创新成功率低，宝贵的科技资源白白流失，在知识创新资源和科技投入上存在大量浪费。科技成果转化为生产力方面存在的不足，“产学研”没有很好地结合是造成我国高科技产业与发达国家高科技产业有较大差距的根本原因。为此，必须强化“产学研”结合，在知识和技术创新的基础上，推动产业化。

（三）有利于促进高等院校科技成果转化

发展科技和经济必须要创新，而创新必须实现产业化，即“转化”。“产学研”结合是当今世界各国科技和经济结合的一条成功的经验，高等院校和产业界相结合的模式被公认为科技成果转化为生产力的最佳方式。“产学研”结合的核心是推动科技成果向现实生产力转化。各大院校作为人才培养基地可以输送人才、哺育知识型企业、促进科技发展，而企业的高新技术又被输送回学校，可以提高教学和科研水平，促进知识创新。企业的资金投资于各大院校，高等院校又以智力投资于企业，这样双方得以实现资源的优化配置，结成产权和利益的共同体，形成互动的良性循环。“产学研”结合，不仅把成果推向市场，也能加快技术创新的进程，促进科技人才的市场化。

我国高等院校凝聚了大量高层次人才，在人才、技术、信息等方面有较大优势，是我国科技事业发展的重要力量，其在探索性较强的基础科学和前沿高技术研究方面往往具有独特的优势。目前我国高等院校科研实力不断增强，科技成果不断增多，推动了科技成果转化和高新技术产业化，为国民经济建设和社会发展服务等做出了突出贡献。

高新技术产业已成为当今国际竞争的焦点和发展知识经济的战略制高点。而高等院校的校办产业绝大多数是以知识和高科技为载体，科技含量高，知识密集的高新技术企业，它们以其高新技术的特殊优势和源源不断的创新活力，成为高科技领域业绩显赫的新军。

21 世纪的高等院校必须进入经济社会，其途径就是将自己的技术创新成果转化为生产力，“产学研”合作是促进成果转化的“孵化器”，这是多年来被实践证明了的一个不可争辩的事实。在“产学研”结合中，将科技成果产业化，必须遵循市场规律和科技发展规律，要以“研”“产”的活力为基础，以高等院校和企业的共同利益为基础，以现代企业制度为支撑。

应通过改组、改制，加快高等院校科技产业化步伐，使其站在更高的起点上建造高等院校科技产业的“航空母舰”和中国的“硅谷”。

（四）有利于理论学习与社会实践的结合

“产学研”合作是一项多方联动且实践性很强的合作活动，能使理论学习与社会实践紧密结合起来，为人才培养搭建社会实践和知识应用的平台，满足知识创新与人才发展规律的要求，这正是“产学研”合作提升人才培养质量的社会需要。从实践与认识的关系原理、教育与生产劳动相结合的经典论述与实践育人的视角出发，全面认识“产学研”合作对人才培养的积极作用，有利于深化人们对“产学研”合作育人价值的理解与认识。

“产学研”合作是培养学生实践能力的重要途径，有利于弥补高等院校仅靠理论教学和校内教育资源培养人才的不足。“产学研”合作有利于理论学习与实践学习的结合，可使学生进入生产现场，感知、体验生产过程，提升实践能力，并可使培养的人才“适销对路”，满足用人单位的需求。

三、高等院校“产学研”合作的主要模式

（一）技术攻关合作模式

企业的研究开发，需要新的原理、理论和创新的技术成果。利用学校专业领域知识的这一优势资源，对企业遇到的技术难题进行解决，就是技术攻关合作。鉴于此，企业与高等院校应积极进行沟通与交流。高等院校学生可以了解到最新的科技信息、科研成果。在“产学研”联合过程中，企业可以更好地利用学校的优势资源，如高等院校、科研院所具备的丰富的科技情报、先进的实验设施及大量的经过技术鉴定的科研成果。在企业实际运行当中，企业可通过将高等院校高科技人才吸引到企业中，使其与企业科研人员合作，进行技术攻关、新产品开发，以大大提高企业的技术创新能力。

（二）技术转让合作模式

企业在生产和实践应用中应用高等院校学生研制的科技成果，在共同进行科研技术开发过程中，高等院校通过分析企业生产技术中所遇到的难题和技术需求，更正下一步的科研方向，以最快速度实现科研成果的转化。在合作开发的过程中，实现“产学研”联合，并充分运用社会科技力量为企业的科研开发工作服务，为企业提供科技创新动力及支撑。

（三）联合建立研究开发机构合作模式

高等院校和企业分别在其内部建立自己或对方的研究机构，并进驻该机构，进行联合技术开发和技术攻关。将高等院校的专业技术逐渐转变为企业市场的优

势，进而使企业的创新能力不断提高，为企业的良好社会经济效益发展带来实际利益。

（四）全面合作模式

高等院校与政府或行业各部门之间加强交流，进行和谐的合作。为不断加大合作的广度与深度，可以设立合作基金，合作内容涉及人才培养、成果转化、参与企业技术改造等，使合作向长期稳定方向发展。

（五）建立高技术企业合作模式

高等院校用自己的资金建立高技术企业这一举措，实现了学生在校所学与企业实践的有机结合，可使学校和企业的设备、技术实现优势互补，节约了教育与企业成本，为学生提供了良好的实践平台，形成了“共利”局面，同时为企业配备专职人员实现了“产学研”一条龙服务。

参考文献

[1] 高丽霞．分子生物学技术与实践应用研究 [M]. 北京：中国原子能出版社，2019.

[2] 周巍．现代分子生物学技术食品安全检测应用解析 [M]. 石家庄：河北科学技术出版社，2018.

[3] 唐宝定．现代生物学技术与探索性实验 [M]. 合肥：中国科学技术大学出版社，2015.

[4] 董润安．现代生物学 [M]. 北京：北京理工大学出版社，2016.

[5] 李海英．现代分子生物学与基因工程 [M]. 北京：化学工业出版社，2008.

[6] 吴可心，吴圣潘，周初霞．指向生命观念的高中生物学教学研究综述 [J]. 生物学教学，2022，47（09）：86-88.

[7] 刘丽琼，王强，赵小荣．关于课程思政融入细胞生物学教学的探讨 [J]. 现代职业教育，2022（33）：97-100.

[8] 汪振财．信息化评测工具在初中生物学教学中的应用探索——以考试酷为例 [J]. 名师在线，2022（24）：91-93.

[9] 王静．核心素养视域下的高中生物学教学思考——以“基因指导蛋白质的合成”为例 [J]. 中学生物教学，2022（24）：21-22.

[10] 何红娟．任务驱动教学法在高中生物学教学中的运用策略研究 [J]. 考试周刊，2022（33）：107-110.

[11] 王存斗．数学模型在生物学教学中的应用设计 [J]. 中学生物教学，2022（23）：37-39.

[12] 吴冰芳．现代信息技术与初中生物学教学深度融合设计——以“昆虫”一节线上教学为例 [J]. 中学生物教学，2022（22）：41-43.

[13] 刘晓东．虚拟现实技术运用于生物学教学的案例分析 [J]. 生物学教学，2022，47（08）：52-53.

[14] 杨乐丽，杨桂兰．寓美育于初中生物学教学过程中 [J]. 科教导刊，2022（21）：129-131.

[15] 王莹莹．微课在高中生物学教学中的应用探究 [J]. 新课程，2022（29）：211-213.

[16] 陈壮迪，何英姿．浅议劳动教育在高中生物学教学中的渗透 [J]. 中学教学参考，2022（21）：49-51.

[17] 娄冰凝，王保艳．SSI 教育在高中生物学教学中的应用策略研究 [J]. 中学生物教学，2022（21）：19-21.

[18] 展敏芝．在生物学教学中培养学生的理性思维 [J]. 中学生物教学，2022（20）：42-43.

[19] 林玉婷，甘小洪．生命教育思想在高中生物学教学中的渗透 [J]. 科教导刊，2022（19）：107-109.

[20] 詹爱秀．如何在高中生物学教学中培养学生的思维品质 [J]. 新课程，2022（25）：222-223.

[21] 叶华．基于科学素养培养的初中生物学教学策略探究 [J]. 考试周刊，2022（25）：126-129.

[22] 何自颖．核心素养下的高中生物学教学研究 [J]. 课程教材教学研究（中教研究），2022（Z3）：59-60.

[23] 张孟，蔡洁玟，陈琼娜．生物学教学中渗透德育的途径探讨 [J]. 中学生物教学，2022（17）：10-12.

[24] 李海燕．生物学教学中虚拟仿真技术的应用 [J]. 中学生物教学，2022（17）：27-29.
[25] 张永胜．初中生物学教学中学生科学探究精神的培养策略探析 [J]. 新智慧，2022（16）：92-94.
[26] 陈国庆．论基于生物学教育理念的初中生物学教学策略 [J]. 新课程，2022（23）：216-217.
[27] 林慧．基于深度学习的高中生物学教学实践研究 [D]. 漳州：闽南师范大学，2022.
[28] 王媛怡．生物科学史微课在高中生物学教学中培养科学思维的研究 [D]. 漳州：闽南师范大学，2022.
[29] 汤艺赟．基于课程标准的高中生物学“教、学、评”一致性研究 [D]. 漳州：闽南师范大学，2022.
[30] 伍春燕．课程思政下高中生物学教学中渗透生态文明教育的实践研究 [D]. 桂林：广西师范大学，2022.
[31] 廖德辉．模型建构在高中生物学教学中的实践研究 [D]. 淮北：淮北师范大学，2022.
[32] 夏雯雯．核心素养背景下高中生物学教学中德育元素的挖掘与实践研究 [D]. 开封：河南大学，2022.
[33] 高珊珊．渗透社会责任的高中生物学教学实践研究 [D]. 开封：河南大学，2022.
[34] 陈薇．基于科学推理能力培养的高中生物学教学策略研究 [D]. 开封：河南大学，2022.
[35] 范静．“强基计划”背景下高中生物学教学中生涯教育的路径研究 [D]. 开封：河南大学，2022.
[36] 胡文慧．中国生物科学史在高中生物学课程教学中的拓展及应用 [D]. 济南：山东师范大学，2022.
[37] 杨娜．核心素养下高中生物学教学中培养学生社会责任的实践研究 [D]. 哈尔滨：哈尔滨师范大学，2022.
[38] 缪秀珍．PBL 教学模式在高中生物学教学中培养学生生命观念的实践研究 [D]. 广州：广州大学，2022.
[39] 杨洁莹．课程思政理念在高中生物学教学中的实践 [D]. 广州：广州大学，2022.
[40] 郝亚茹．以系统思维加强生态文明教育的高中生物学教学实践研究 [D]. 呼和浩特：内蒙古师范大学，2022.
[41] 刘丽．合作学习在高中生物学教学中的实践研究 [D]. 呼和浩特：内蒙古师范大学，2022.
[42] 李金璇．生态文明在高中生物学教学中的渗透研究 [J]. 求知导刊，2022（15）：56-58.
[43] 王宝钗．基于探究能力培养的初中生物学 PBL 教学实践研究 [D]. 牡丹江：牡丹江师范学院，2022.
[44] 梁颖琪．基于 HPS 教育的高中生物学教学中培养学生科学探究能力的实践研究 [D]. 阜阳：阜阳师范大学，2022.
[45] 林玉婷．课程思政理念融入高中生物学教学的研究 [D]. 昆明：云南师范大学，2022.
[46] 邱欣雨，沙爱龙．生物学教学中不同脊椎动物红细胞血型的比较和探讨 [J]. 生物学通报，2022，57（05）：8-11.
[47] 郭丝雨．基于概念教学的高中生物学教学设计优化研究 [D]. 沈阳：沈阳师范大学，2022.
[48] 刘阳．高校生物学教学实验室安全管理探讨 [J]. 中国现代教育装备，2022（09）：43-45.

[49] 冯青 . 人工智能与高中生物学教学融合现状的调查与分析 [D]. 黄石：湖北师范大学，2022.
[50] 张培君 . 培养科学思维的高中生物学教学探索 [J]. 生物学教学，2022，47（05）：34-36.
[51] 陈思瑶 . 概念图教学策略在高中生物学教学中应用的实验研究 [D]. 大连：辽宁师范大学，2022.
[52] 王宇鑫 . 融合课程思政理念的高中生物学教学实践研究 [D]. 长春：长春师范大学，2022.
[53] 索静 . 教学设计理论的演变及其现实意义 [J]. 教育理论与实践，2020，40（07）：61-64.
[54] 耿建民 . 基于课堂教学的多媒体课件设计研究 [J]. 中国电化教育，2011（6）：85-88.
[55] 梁明珠 . 基于 STEAM 教育理念的初中图形化编程教学模式实践研究 [D]. 重庆：西南大学，2022.
[56] 温湖炜，刘昱彤 . 混合式教学场域中高校师生关系的重构 [J]. 黑龙江高教研究，2022，40（12）：22-27.
[57] 李俊凯 . 混合式学习模式在高中信息技术教学上的应用研究 [D]. 汉中：陕西理工大学，2022.
[58] 何克抗 . 从 Blending Learning 看教育技术理论的新发展 [J]. 国家教育行政学院学报，2005（9）：37-48.
[59] 李颖 . 广西师大线上线下混合式大学英语合作学习情况调查研究 [D]. 南宁：广西师范大学，2022.
[60] 吕森林 . 混合式学习对信息技术与课程整合的启示 [J]. 基础教育，2004：67-69.
[61] 罕米热 · 艾克白尔 . 基于 SPOC 的混合式协作学习培养学生问题解决能力应用研究 [D]. 乌鲁木齐：新疆师范大学，2022.
[62] 范玉 . 改进大型精密仪器教学的 B-Learning 研究——以云南大学为例 [D]. 昆明：云南大学，2019.
[63] 舒晖，王以伍 . 基于现代远程教育的混合式学习模式转型发展路径研究 [J]. 实验科学与技术，2022，20（05）：105-110.
[64] 高率航，刘晓明，田志鹏 . 高等学历继续教育中的生命教育微课程设计研究建 [J]. 成人教育，2022，42（09）：23-27.
[65] 明会婷 . 初中生物学教学中微课的应用研究 [D]. 哈尔滨：哈尔滨师范大学，2022.
[66] Shieh D.These lectures aregone in 60 seconds [J].Chronicle of Higher Education，2009，55（26）：A13.
[67] 王觅，贺斌，祝智庭 . 微视频课程：演变、定位与应用领域 [J]. 中国电化教育，2013（4）：88-94.
[68] 何晓智，王铁强，田梅 ."阴离子活性聚合"的微课教学设计 [J]. 高分子通报，2022，（09）：86-91.
[69] 黄荣怀，陈庚，张进宝，等 . 关于技术促进学习的五定律 [J]. 开放教育研究，2010（2）：11-19.
[70] 赵兴龙 . 翻转教学的先进性与局限性 [J]. 中国教育学刊，2013（4）：65-68.
[71] 魏雨潼 . 核心素养视域下翻转课堂在高中生物教学中的应用研究 [D]. 喀什：喀什大学，2022.
[72] 李克东，赵建华 . 混合学习的原理与应用模式 [J]. 电化教育研究，2004（07）：1-6.